风景园林

规划设计实训指导

卞阿娜 ◎ 著

U0241913

中国纺织出版社有限公司

图书在版编目（CIP）数据

风景园林规划设计实训指导／卞阿娜著. -- 北京：
中国纺织出版社有限公司，2024.7. -- ISBN 978-7
-5229-1892-1

Ⅰ. TU986.2

中国国家版本馆CIP数据核字第2024MF6927号

责任编辑：赵晓红　　责任校对：王蕙莹　　责任印制：储志伟

中国纺织出版社有限公司出版发行

地址：北京市朝阳区百子湾东里A407号楼　邮政编码：100124

销售电话：010—67004422　传真：010—87155801

http://www.c-textilep.com

中国纺织出版社天猫旗舰店

官方微博 http://weibo.com/2119887771

天津千鹤文化传播有限公司印刷　各地新华书店经销

2024年7月第1版第1次印刷

开本：710×1000　1/16　印张：13

字数：156千字　定价：89.90元

前言

　　风景园林专业和园林专业都属于实用技能型较强的专业，因此在专业学习过程中，系统性的技能实训必不可少，它能够将专业所需要的技能融会贯通，从而为今后学生们从事相关工作奠定基础。"风景园林规划设计"是在风景园林制图、风景园林设计初步基础上开设的一门专业必修课，是一门实践性很强的综合性应用课程，是风景园林专业、园林专业的主干核心课程。风景园林规划设计实训内容是"风景园林规划设计"课程的重要实践教学内容。《风景园林规划设计实训指导》以习近平新时代中国特色社会主义思想和党的二十大精神为引领，借力"新工科"和"新农科"，以立德树人为宗旨，以学生为中心、能力培养为导向，以校企合作、产教融合为途径，培养具有创新创业能力的多学科交叉融合的复合型应用人才。

　　本书分为五章，根据风景园林规划设计的程序循序渐进。第一章风景园林规划设计流程，让学生通过学习风景园林规划不同设计阶段相关知识，从而掌握风景园林规划设计流程。第二章识图练习，学生通过临摹景观设计的常用图纸，进一步掌握景观总平面图、剖面图、立面图的基本要求以及图纸绘制的规范。第三章调查与分析，该章是进行风景园林规划设计的前提，是场地信息的获得、设计主题的提炼的重要依据。通过该章实训，学生能掌握项目调查与分析的内容和方法。第四章园林要素单体设计实训，通过实训，学生能掌握景观要素的设计要点及原则。第五章不同类型园林绿地景观设计实训，让学生通过调查、分析对项目进行针对性的设计，做到主题鲜明、设计合理、交通流畅、层次清晰。其中大型园林绿地规划设计通常要求学生2~4人组队设计，通过实训学生不仅能掌握每个项目设计的原则和项目的特殊性，还能学会团体精神、合作精神。

通过《风景园林规划设计实训指导》的学习和练习，使学生熟练掌握风景园林规划设计需要绘制的图纸类型、绘制步骤、方法和相关规范，进一步理解各类园林绿地规划设计的基本原则、主要内容、技术要点和设计方法，能独立完成一个风景园林项目的规划设计和图纸表达。

本书获闽南师范大学教材建设立项资助。卞阿娜教授担任主编，郑毅彬、陶勇、康红涛、陈珺、李娜和陈怡参编。由于编者水平有限，书中存在的错漏之处敬请各位专家学者指正。

作者

2023年5月15日

目 录

第五章　不同类型园林绿地景观设计实训

第一章

风景园林规划
设计流程

风景园林规划设计指的是在一定范围内，主要由山、水、植物、建筑（亭、廊、榭等）、园路、广场、动物等园林基本要素，根据一定的自然科学规律、艺术规律以及工程技术规律、经济技术条件等，利用自然、模仿自然而创造出来的既可观赏又可游憩的理想的生态环境。包括地形设计、建筑设计、园路设计、种植设计、园林小品设计。风景园林规划设计实训是"风景园林规划设计"课程的重要实践教学内容。风景园林规划设计流程是指风景园林规划设计者根据建设计划及当地的具体情况，把要建造的这块绿地的想法，通过各种图纸及简要说明把它表达出来，使大家知道这块绿地将建成什么样的，以及施工人员根据这些图纸和说明，可以把这块绿地建造出来。风景园林规划设计流程可分为如下几个阶段：任务书阶段，基地调查与分析阶段，方案阶段，初步设计阶段和施工图设计阶段。

一、任务书阶段

任务书是完成整个工程设计过程的重要基础，必须知道设计委托方（建设单位、甲方）的具体要求、工程设计所要求的造价和时间周期等。设计任务书多以文字形式表达，在解读任务书之后，需要深入基地进行调查、分析和设计制图工作。

二、基地调查与分析阶段

（一）基地调查

基地调查是风景园林规划设计的重要前期工作，基地调查是了解设计任务，理解委托方需求，选择工作路径，开展设计工作的基础。

围绕厚植家国情怀、涵养进取品格，开展青春使命教育，以党的创新理论教育学生进行基地调研，引导广大学生立志担当大任。在教学过程中设计调研工作是师生对项目理解和理论知识沟通的重要环节；在实践工程中，现场调研往往在商务阶段就已经开始，首次调研是对项目背景、项目难度、项目涉及的要素做的统筹分析，在调研后往往需要进行项目实施性的判断；在项目进入设计阶段，设计场地的现场调研需要从感性认知阶段入手，逐步地对场地的各项要素进行客观认知；在设计的过程中，当遇到尚未了解清楚的内容和要素也需要进行补充调查。

在场地调研结束后，要尽快完成相关的基础资料搜集、图纸整理、信息录入和现状图绘制等工作，为后续的设计工作进行准备。部分重大复杂项目在场地调研结束后，应该形成《现状调研报告》或《基础资料汇编》。

园林工程的基地勘察阶段需要对土壤、水文、基础设施敷设情况等内容进行详细调查，并与现场施工人员进行多次沟通。

基地调查与分析的工作是贯穿于园林景观项目全过程的，不应该简单地理解为只是其中的一个阶段，而是必须要反复的项目沟通过程。基地调查与分析主要针对自然条件、社会环境和设计条件来进行。

1.自然环境的调查

（1）气候条件：温度、降水量、相对湿度、季风、风向及风玫瑰图、化冰期、结冰期、无霜期、日照天数、有云间隔天数、光照情况及特定的小气候等。

（2）地形地貌：沼泽地、低洼地、地形起伏度、倾斜度、土壤冲刷地和土石情况等。

（3）土壤：土壤的物理化学性质、肥沃度、地下水位、透气性、种类和土层厚度等。

（4）地质：地质构造、表层地质、断层母岩。

（5）水系：湖泊、河流、地下状况、水底标高、最高最低水位、常水位、水的流向、流量、速度、水质、pH、水利工程特点（景观）等。

（6）植物：现有园林植物及古树名木的分布、种类、数量、生长情况和观赏价值等。

2.社会环境的调查

（1）上位规划，法律及规范。

（2）基地周边环境（工厂、单位、有无风景旅游区）。

（3）基地现状（场地内部使用率、交通情况、地上地下管线情况、给排水情况、现有建筑物）。

（4）与该场地有关的历史、人文资料。

3.设计条件的调查

（1）甲方对设计项目的具体要求和设计标准及其投资的额度等。

（2）总平面地形图（比例一般为1∶1000~1∶500）：场地设计范围（红线范围）、现有建筑状况、周边道路情况、周边用地性质、水系情况、植被情况、山体情况、场地坡度、标高（或等高线）等。

（3）现有植物分布现状图（比例一般为1∶200~1∶500）：重点标注现有植物的位置、种类、胸径、生长状况以及观赏价值等，尤其重点标注哪些较高价值的植物，并且最好附有彩色照片。

（4）地上、地下管线图（比例一般为1∶200~1∶500）：一般规定地上地下管线图比例要与施工图一致。管线图内应包含要保留和拟建的雨水、污水、电信、电力、煤气、暖气、热气等管线及井位位置。

4.现场踏查

在准备好相关图纸材料之后。设计者必须进行现场踏查，对场地环境、场地内部现状、周边环境进行实地考察。一方面，核对、补充所收集的资料；另一方面，可以根据周围环境条件，进入艺术构思阶段，很多好的灵感都是对现场的直接感悟。同时在进行现场踏查时，最好拍摄相应的环境现状照片，以作为总体设计的依据。

（二）调研方法

风景园林基地调研常常采用系统分析法、访谈数据分析、图像分析、简图分析、综合分析等方法。

（三）基地分析

根据收集的全部资料，对基地的相关因子进行分析，绘制气候分析图、地形分析图、交通分析图、竖向分析图、行为分析图、水文分析图、人文分析图等；有时还叠加相关因子进行适宜性分析。

三、方案阶段

方案是指导各类风景园林建设活动的依据。以习近平新时代中国特色社会主义思想和党的二十大精神为引领，教师要帮助学生提升和丰富精神世界，实施"时代新人铸魂工程"，促进学生全面发展健康成长。方案设计是设计者根据委托方的设计要求，以上位规划、法律法规为依据，对场地设计进行规划设计。此阶段应包括设计理念、道路系统、建筑、水体、植物、空间布局和形态、竖向设计、综合管网布置等，还应计算主要用地类型的面积指标，提出投资估算。在实际工程项目中，风景园林的方案可分为概念方案、构思方案和实施方案。概念方案是在项目初期，需要对项目的建设开发方式，建设时序做出的具有实验性和探讨性的尝试。因此，概念方案相对而言更注重基于基地现状、市场环境、公共政策等因素所提出的"设计目标"，具有一定的前瞻性。设计者一般在此阶段，会更注重对方案理念的表达，也可以做出更多"非常规性"的探讨。值得注意的是，在方案的概念阶段，可以根据调研情况，对使用性质、建设范围、开发形式等内容均作出一定的调整变动。构思方案一般在有明确的用地范围、规划目标的基础上提出的具体方案，构思方案一般要经历多稿，并且需要与委托方进行反复的磋商，细化"功能分区""交通体系""采用技术"等框架性内容，同时也应该对空间的具体效果做出把控和判断，给出更细化，更能体现和表达设计意图的空间工程性和效果图性成果。实施方案为实际采纳并建设实现的方案，实施方案一般是在多次概念方案和构思方案讨论后，协调多方意见所确定的方案，需要着重考虑工程的现实性，对落地过程作出判断，能指导之后的扩初图和施工图的绘制。相关图纸内容如下：

（一）区位分析图（1：5000—1：10000）

属于示意性图纸，通常需要标明该园林绿地在城市区域内的方位、轮廓、交通以及周边环境。

（二）现状分析图

根据收集的所有信息，经分析、整理、概括后，划分成不同空间，并用圆圈或抽象图形示意出来，然后根据现状进行综合评价。

（三）功能分区图

按照现状图分析和总体规划设计原则，针对各个年龄段游人活动特征，以及游人的各种兴趣爱好需求，设定不同的功能分区，并规划不同的空间结构，使各个活动空间与功能区都符合不同的功能特点，从而使活动功能和形态尽可能地统一。功能分区图属于示意说明性质，主要表现为各种空间、分区之间的相互关联，一般用圆圈或抽象图形等图案表达。

（四）总体规划平面图

总体规划平面图应包括以下内容：全园主要出入口、次要出入口和专用出入口的位置、面积和形式，主要出入口大门、内外广场、停车场等布局；全园地形总体规划、道路系统规划；全园建筑物、构筑物等布局情况。全园植物配置情况，涉及疏林、密林、树丛、花坛、草坪、专类花园、盆景园等植物景观；全园比例尺、指北针、图例等内容。

（五）地形规划图（竖向设计图）

地形是全园的基础骨架，反映全园的基本地形构造特征。根据规划设计原则和功能分区，确定出哪些地方需要遮挡，哪些地方需要开敞通透。同时结合景观需求和设计内容，确定水源、排水方向以及雨水聚散地等，绘制出丘陵起伏、山峰、高点、缓坡平原、河湖及小溪等；同时，还需用不同粗细的等高线控制高度及不同的线条或色彩表现出各区主要景点、广场的高程及主要构筑物的高程。

（六）道路系统规划图

道路系统规划图应包含以下内容：全园的主次要出入口及专用出入口；主要道路的位置、消防通道的位置及主要广场的位置；主次干道等道路的位置、各种道路的宽度、排水方向以及主要道路的铺装形式、路面材料等。等高线用虚线绘制，不同级别的道路及广场用不同的粗细线表示，主要道路的控制标高图纸上标出。

（七）绿化设计图

根据总体设计原则和方案规划布局，结合花卉苗木来源的情况，明确提出种植设计构思，并确定全园的基调树种，各个功能分区的骨干树种，主要节点的造景树种；确定全园植被空间类型并进行视线分析，在植物空间构成的基础上确定园林植物栽植主题，重点考虑园林植物景观的种植类型和种植形式（密林、疏林、林间空地、林缘等），并确定树林、树丛、树群、孤立树等栽植点和栽植范围，标明主要植物名称和种类。

（八）局部效果图

为了方案更好地表现，需要对绿地中的重要景点或景区作出局部效果图。

四、初步设计阶段

风景园林规划扩初是对风景园林总体设计方案的进一步深化，主要是对各个局部进行详细设计。局部详细设计工作主要包含以下内容：

（一）平面图

结合总体设计的要求，进行总体方案的功能或景观分区，对每个分区进行详细设计。一般采用比例1：300—1：500，等高线采用0.5m。建筑、园路、广场、山石、园林小品、水池、驳岸、树林、灌木丛、草地、花坛和花境等采用不同等级粗细的线条表达，总平要标明周围环境、建筑平面、标高等，表明道路、主要广场铺装、园林小品、花坛、水池和驳岸的平面形式，并要标出其尺度和标高。

（二）横纵剖面图

常用比例为1：200、1：100，明确主要节点景观要素的位置、尺度及空间布局的具体形式，标出铺装的尺寸、材料、色彩，植物布局及各种景观设施、小品的位置。

（三）局部种植设计图

常用比例有1：300、1：200，要求能准确地反映乔木的种植点、种植种类、种植数量，标出树丛、灌木丛、草地、花丛、花境、花坛等位置。

（四）园林建筑布局图

常用比例为1：200、1：100，须明确建筑轮廓及与周围绿化种植的关系，标出周围地形的标高及与周围构筑物的距离尺寸。

（五）综合管网图

常用比例为1：300—1：500，需明确各类管线及地下空间等相关工程关系，标出各类管网的位置、形式和尺寸等。

五、施工图设计阶段

施工图阶段在方案设计、初步设计两阶段之后，是工程设计的最后阶段。该阶段是设计和施工工作的桥梁，主要通过图纸表达设计者的意图和全部设计结果，是工程施工的依据。施工图阶段包含的主要内容如下：

（一）施工总平面图（放线图）

施工总平面图是指导现场施工的总体布置图，需明确表达各设计因素之间具体的平面关系和准确位置，标出放线的坐标网格、基点、基线的位置。施工总平面图包含的内容如下：图的比例尺为1：100—1：500；场地原有的建筑物、构筑物、地下管线（红线表示）和古树名木等；以粗黑线表示园林建筑和构筑物的位置；用中等黑线表示道路广场、园灯、园椅、果皮箱等；细黑虚线表示地形等高线，以粗黑线加细线表示高程数字、山石和水体；放线坐标网做出工程序号、透视线等。

（二）竖向施工图

竖向施工图表明各设计因素的高差关系。

1.平面图

（1）图的比例尺为1：100—1：500。

（2）现状与原地形标高。

（3）设计等高线、等高距为0.25—0.5m。

（4）土山山顶标高。

（5）水体驳岸、岸顶、岸底标高。

（6）用等高线表示池底高程，标出水面的最低、最高及常水位。

（7）建筑物的出入口标高、室内与室外标高。

（8）道路纵坡坡度、道路及转折点处标高。

（9）有时可能需增加土方调配图，标明原地面标高、设计标高和填挖高度，列出土方平衡表。

2.剖面图

图的比例尺为1：20—1：50。在重要节点或坡度变化比较复杂的节点做出剖面图，标出各关键部位标高。

（三）园路、广场施工图

1.平面布局图

包括道路走向、广场形状及尺寸、绿地分布等。

2.铺装材料图

详细列出园路及广场的铺装材料种类、规格及颜色。

3.构造节点详图

包括路面结构层次、材料连接方式、排水设施等。

（四）种植施工图

包括植物种类、植物规格、种植方式、植物间距、种植详图。

（五）假山施工图

平面、立面、剖面。

（六）园林建筑小品施工图

平面、立面、剖面。

（七）管线及电讯施工图

包括管道和电讯系统的布局、材料、规格、连接方式、接地防雷等。

（八）施工图预算

包括施工图预算、定额单价与工程量、人工费与材料费、机械使用费、措施费与间接费、利润与税金计算、利润与税金计算、利润与税金计算等。

第二章

识图练习

第一节　总平面识图与绘制

实训一　总平面图识图与绘制

实训学时：6学时

教学方式：讲授、实践

实训类型：必修

一、实训目的

在各类设计图纸表现中，总平面图是最全面、最重要的图纸之一。根据《总图制图标准》GB/T 50103—2010的规定，应以含有±0.00标高的平面作为平面图。风景园林总平面图是基地周围环境及其各种造园要素（如山石、水体、地形、建筑及植物等）平面布局的水平正投影图。

通过实训，以立德树人、以德铸魂和以文化人等为引领，围绕深入学习贯彻习近平新时代中国特色社会主义思想和党的二十大精神，让学生能掌握以下技能：熟练各种工具的表现技法，综合表现各类图纸图件；熟悉设计平面图的符号及常用图例；认知园林平面图中的设计布局和结构、景观和空间构成以及诸多设计要素之间的关系；通过学习资料图纸中各元素间的尺寸，掌握总平面图的绘制规范和总平面图表现的要点。

二、实训材料及工具

（一）绘图工具

笔类：铅笔、针管笔和马克笔等。

尺规类：绘图板、丁字尺、直尺、比例尺、圆规和制图模板等。

纸：绘图纸、硫酸纸和拷贝纸等。

（二）现有的图纸及文字资料等。

中国传统园林案例平面图、现代优秀设计作品案例等。

三、实训知识点

（一）平面图的形成

平面图是各种造园要素（如山石、水体、地形、建筑及植物等）及周围环境等平面布局的水平正投影图。因此，绘制的平面图即代表基地上所设计的各种造园要素。所以绘图者必须根据要求完成各种造园要素绘制，并真实而有效地表达所要反映的信息和设计意图。

（二）平面图的内容

设计场地所有的设计内容通过总平面图反映，总平面图中包括新建建筑和构筑物的位置朝向、道路系统，各种构景要素（如广场、植物种植、景观小品、地形、水体等）的表现，还包括图例、文字说明和相关的设计指标。总平面图设计包含以下内容：

1.标题栏

每幅总平图都必须有标题栏，简要说明图纸的内容，便于图样管理及查阅。标题栏大部分位于图的右下角，除立式A4图幅位于图的下方外，如图2-1所示。标题栏一般包含设计单位名称区、工程名称区、图名区、签字区、图号区等内容。

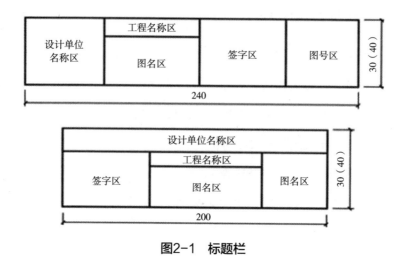

图2-1 标题栏

2. 图例表

总平面图应简要说明图中一些自定义的图例对应的含义。

3. 规划设计红线

规划设计红线范围即总平面图给出设计场地的范围，用红色粗双点划线标出。

4. 标注定位尺寸或坐标网

设计平面图中定位方式有两种：一种是根据原有景物进行定位，标注出原有景物与新设计的主要景物之间的相对距离；另一种是采用直角坐标网进行定位，标注方式有测量坐标网和建筑坐标网两种。测量坐标网是根据场地测量基准点的坐标，确定网格的坐标；采用细实线绘制坐标网格，水平方向为Y轴，垂直方向为X轴。建筑坐标网是以工程范围内的某一点为"0"点，按一定的距离绘制网格坐标，垂直方向为A轴，水平方向为B轴。

5. 用地周边环境

总平面图不仅要标注出设计地段所处的位置，还要标注出设计地段所处的环境、周边的用地情况和交通道路状况等立地条件。

6.建筑和园林小品

建筑物、构筑物及其出入口、围墙的位置在总平面图中要标注，建筑物的编号也要标注。在小比例图纸（1∶1000以上），采用粗实线绘制水平投影外轮廓线。在大比例图纸中，有门窗的建筑一般采用通过窗台以上部位的水平剖面图表示，没有门窗的建筑采用通过支撑柱部位的水平剖面图表示。用粗实线绘制断面轮廓，用中实线绘制其他可见轮廓。此外，也常采用屋顶平面图来表示，用粗实线绘制外轮廓，用细实线绘制屋面。花坛、花架等建筑小品投影轮廓用细实线绘制。

7.道路、广场

总平面图不仅要标示广场的名称、位置、范围等，有时还会借助坐标方格网进行定位。总平面图应标示道路中心线位置，主要的出入口位置及其附属设施停车场的位置。用细实线绘制园路路缘，按设计图案简略示意铺装路面。

8.地形水体

总平面图应标示原地形地貌，设计标高、高程。当地面是起伏较大的地形，应画出地形等高线并用坐标网定位。

一般用等深线法表示不规则水体，在靠近河岸线的水面中，按照河岸线的曲折形状作出两三根闭合曲线，标示深度相同的各点的连线。通常用粗实线绘制河岸线，用细实线绘制内部的等深线。

9.植物种植

根据园林植物特征，园林植物分为乔木、灌木、绿篱、竹类、攀缘植物、花卉和草坪七大类。由于园林植物种类繁多、姿态各异，平面图中无法详尽地表达，一般采用图例概括表示园林植物的平面图（水平投影图）。如图2-2所示，用黑点标示植物种植点的位置，圆的面积表示树冠大小，树冠的投影要按成龄以后的树冠大小画制，并用不同的笔触区分针叶树和阔叶树，如图2-3、图2-4所示。如果是成片的树丛，可以仅标注林缘线，如图2-5所示。

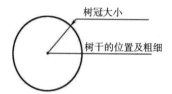

图2-2　树木的平面画法

图2-3　针叶树种的平面画法

图2-4　阔叶树种的平面画法

图2-5　成片树丛的平面画法

10.山石

通常只用线条勾勒石块的轮廓表现平面图，很少采用光线、质感的表现方法。如图2-6所示，采用粗线绘制山石轮廓线，用较细较浅的线条勾绘石块面、纹理，体现石块的体积感。

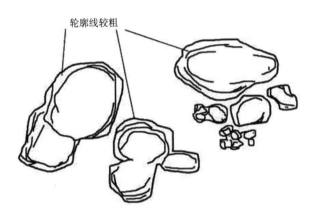

轮廓线较粗

图2-6 山石的平面画法

11.阴影

绘制阴影应注意全图上的阴影方向需保持一致，且只能出现向东或向西的阴影，也可偏南或偏北，但不能不超过15°。

12.其他

图纸中其他说明性的文字和图例标示，如指北针、风玫瑰、比例尺等。

四、实训内容

教师讲解总平面图识图的实训理论知识，并讲解平面图绘制的绘图规范和应注意的问题。

学生通过实训能正确识读教师给定的平面图，按照绘图规范将其临摹在图纸上。

五、实训要求

绘制的总平面图图面整洁，字体端正。

各要素的平面表现形式正确、清晰。

所表达的图线应用准确，图例符号符合标准要求。

图面上各图例之间的连接关系清晰、表示正确，做到主次分明，整体感强。

六、实训步骤

（一）准备工作

准备制图工具，并能熟练地运用；识读原平面图；图纸固定在图板上。

（二）用HB或H铅笔画线稿底稿

先画图幅线、图框线和标题栏；合理安排图纸幅面，根据图形大小确定视图位置，留出左右、上下边界，使视图在整个图面中央；绘制顺序：绘制坐标网格，绘制图形中建筑、山石、水体、道路及植物等，对图形中的建筑、山石、水体、道路及植物等造园要素进行标注，绘制比例尺、指北针、图例说明、填写标题栏。

（三）进行图面检查

认真核对底图和抄绘的原图，检查标注是否完整，图样是否正确。

（四）绘制墨线图

绘制墨线图。有条件的同学，可进一步用马克笔或水彩颜料上色（图2-7）。

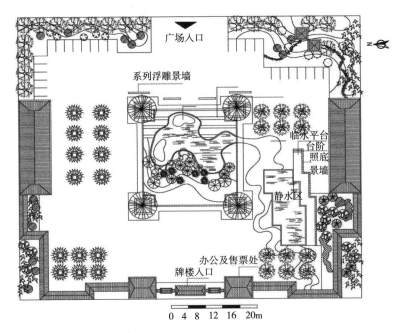

广场入口

系列浮雕景墙

临水平台
台阶
照底
景墙

静水区

办公及售票处

牌楼入口

0　4　8　12　16　20m

图2-7　小游园总平面图（学生作品）

第二节　立面、剖面图识图与绘制

实训二　立面、剖面图识图与绘制

实训学时：6学时

教学方法：讲授、实践

实训类型：必修

一、实训目的

在园林规划设计中，为了能反映园林设计各要素立面层次的景观，能反映设计的竖向变化和地形变化，常常采用园林立面、剖面图作为平面图的补充，使设计者可以更直观、清楚地表达设计方案，将社会主义核心价值观、中华优秀传统文化融入立面、剖面识图教学，并为进一步设计和施工提供依据。

通过实训，让学生掌握以下技能：理解区分园林立面、剖面的不同含义和不同绘制方法；熟悉园林立面、剖面图的常用符号及图例；掌握识读设计立面、剖面图的技能；掌握正确绘制立面、剖面图的技能。

二、实训材料及工具

（一）绘图工具

笔类：铅笔、针管笔、马克笔等。

尺规类：绘图板、丁字尺、直尺、比例尺、圆规、制图模板等。

纸：绘图纸、硫酸纸和拷贝纸等。

（二）现有的图纸及文字资料

国内外优秀案例中准确表达立、剖面图的图纸。

三、实训知识点

（一）立面、剖面图的形成

园林立面图指的是园林景观的垂直面上的正投影视图。园林剖面图是指园林景观被一假想铅垂面剖切后，沿某一剖切方向投影所得到的视图，能反映景观建筑和各园林要素沿垂直方向的内部结构形式和主要部位的标高。剖、立面图补充平面图所无法体现的细部做法等，清晰地反映细节和竖向关系，常常能体现较多的信息量，故此其画法也相当重要。

立面或剖切位置表达主要景观节点的不同景物间前后的层次关系，标高精确表述高程及高差关系。立面、剖面图为例增加图面的尺度感，常常辅助配景人物、车辆等活跃气氛，注意选择的配景不可因数量或尺度过于夸张，进而遮盖立面或剖面的重要信息。同时，立面、剖面图要标明比例和图名，比例一般与平面图一样或较大。

（二）立面、剖面图的内容和表现方法

1.地形

地形在立面、剖面图上用粗实线表示地形剖断线和轮廓线。

2.园林建筑小品

立面图中建筑小品的外轮廓线用粗实线绘制，主要部位轮廓线用中实线绘制。剖切平面剖到的建筑小品断面轮廓用粗实线绘制，没剖到的主要可见轮廓用中实线绘制。

3.水体

用细实线表示水体景观立、剖面图上范围轮廓线和水位线。

4.植物

树木的立面表示方法可分为刻画较细致的写实画法、线条程序化的图案式画法，也有突出树木外形轮廓的抽象画法等（图2-8~图2-10），但其风格应与平面图一致，树木的枝干比、树形和冠叶等应根据具体植物的特征来参考。

图2-8 树木立面的写实画法

图2-9　树木立面的图案式画法

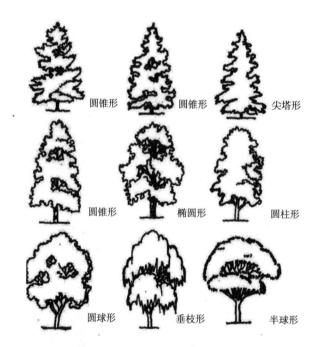

图2-10　树木立面的抽象式画法

5.山石

园林中的山石立面画法与平面画法相似，轮廓线常常采用粗线勾勒绘制，石块面、纹理用较细、较浅的线条勾绘，体现石块的体积感。剖面上的石块轮廓线用剖断线绘制，石块剖面上还可加上斜纹线。

四、实训内容

教师讲解立面、剖面图的实训知识点，并讲解其绘制规范和技法。

学生认真识读教师给定的立面、剖面图，并按规范绘制立面、剖面图。

五、实训要求

所绘制的图面整洁，字体端正。

图线应用恰当，图例符号符合标准要求。

图纸与平面图对应，表示正确，各图例之间的连接关系清晰。

六、实训步骤

（一）准备工作

准备、熟悉和正确运用制图工具；识读范例的立面、剖面图；固定图纸。

（二）用HB或H铅笔画稿线底稿

先画图幅线、图框线和标题栏；根据图形大小确定视图位置，留出左右、上下边界；绘制顺序：绘制地平线。绘制景观节点的建筑小品立面、周围的植物，注意粗中细实线的不同等级线条的表达。进行标高标注、图例说明，绘制比例尺，填写标题栏。

（三）进行图面检查

仔细核对底图和抄绘的原图，检查标注是否完整，图样是否正确。

（四）绘制墨线图

绘制墨线图（图2-11）。有条件的同学，可进一步用马克笔或水彩颜料上色。

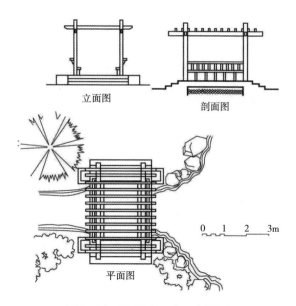

立面图   剖面图

平面图

图2-11　园桥平、立、剖面图

第三章

调查与分析

第一节　风景园林绿地现状调查实训

实训三　风景园林绿地现状调查实训

实训学时：3学时

教学方法：讲授、实践

实训类型：必修

一、实训目的

风景园林绿地现状是风景园林规划设计的依据，规划设计之前必须充分认识城市绿地，城市绿地系统规划设计的前提需进行城市绿地现状调查，对科学、合理地进行城市绿地建设的重要保障必须进行调查与分析。该实训通过对城市绿地的调查与分析，以立德树人、以德铸魂、以文化人等为引领，围绕深入学习贯彻习近平新时代中国特色社会主义思想和党的二十大精神，培养学生搜集信息和现场调查的能力，学习科学合理的调查研究方法与现状分析能力，进一步有效地掌握城市绿地的分类和合理布局的方法，通过实训使学生初步了解城市绿地系统规划设计的基本理论和技能；以调研、统计、分析、绘制等方式使学生了解城市绿地的学习内容和基本知识。

二、实训材料及工具

照相机、测量工具、绘图纸、绘图笔、各种调研工具。

三、实训知识点

（一）城市绿地分类

在新的《城市绿地分类标准》CJJ 85—2017分类中，城市绿地主要分为公园绿地、附属绿地、广场用地、防护绿地和区域绿地。公园绿地大类下包含综合公园、社区公园、专类公园和游园4个中类。附属绿地指附属于各类城市建设用地的绿化用地，简而言之，就是这些绿地不能独立存在，需要依附于一定的项目，如工业厂区内的绿地、城市道路中分带、机非带和道侧绿地、商业综合体绿地，大家居住的小区楼下的绿地也归为此类。广场绿地指的是以游憩、纪念、集会和避险等功能为主的城市公共活动场地。防护绿地指的是具有卫生、隔离、安全、生态防护功能和游人不宜进入的绿地，如高速公路防护绿地、铁路防护绿地、高压走廊防护绿地等。区域绿地指的是位于城市建设用地之外，具有城乡生态环境及自然资源和文化资源保护、游憩健身、安全防护隔离、物种保护、园林苗木生产等功能的绿地。

（二）绿地调研内容

1.绿地调研基本内容

（1）绿地的区位关系：①基地处于城市什么位置？②周边的交通等级与功能是什么？③周边人群的该场地的使用需求有什么？

（2）土地性质与现有产权及使用功能：分析基地现有的使用功能，特别对是否涉及生态林、公益林、自然保护区、基本农田等内容应作详细的背景调查，注意分析这些功能是否与现有产权凭证上的功能一致。

（3）周边公共服务设施与市政基础设施：对场地周边毗邻和相近的公共设施进行分析调查，特别是对人流大的设施，如学校、医院、政府机关、商场等，在分析过程中要注意这些设施将对场地造成的动线影响作出必要的判断。

（4）相关城乡规划：应该对基地及附近范围的城乡规划内容进行排查，

重点对：①国土空间规划（城市总体规划、乡村规划、土地利用总体规划、用海规划等）进行分析，明确在三区三线内的范围；②各类专项规划，特别是绿地系统规划、风景区总体规划、蓝线规划、紫线规划、生态保护规划、防洪排涝规划、防灾减灾专项规划等内容进行讨论。对涉及历史文化名城的，还应该对重要的历史建筑和历史信息进行分析讨论。

（5）历史资料搜集：应通过网络、图书、地方志等材料，对现有场地信息进行搜集分析。

（6）场所认知调研：可从气候状况（温度、光照、降雨、风）、景观状况（硬质景观和软质景观）、场地文化背景（历史文化、区域文化、人文特点）和使用者的使用情况（行为心理、人流分布和使用者构成）等方面进行调研。

2.举例绿地具体调研内容

（1）城市道路绿地现状调研：城市道路绿地作为城市绿地系统的重要组成部分，不仅维护城市生态平衡、改善城市生态效益，而且提高城市景观或生物多样性。城市道路有多种类型，不同类型的道路对绿化有不同的要求。选择所在城市道路红线宽度大于60m、景观丰富的道路景观作为调研对象。结合已经学习的植物景观设计的基本原理和方法对其进行分析，并了解城市道路绿化规范。通过对本市道路绿化的调研，对道路与周边环境的处理等有更加真实的感受和体会，对植物景观的营造手法、设计立意有更加真实的感受和体会，进一步加深对城市道路绿地理论知识的理解，从而培养学生调查分析和综合思考能力。①项目概况；②道路绿化形式、风格、断面形式等；③分车绿带宽度、配置形式、植物品种等；④行道树种植形式、植物品种、树池尺寸、树高、枝下高、株行距等；⑤导向岛或中心岛绿化形式、品种等；⑥路侧绿带形式、空间、植物品种；⑦停车场或广场绿化特点、植物品种；⑧植物种植设计林缘线、林冠线如何巧妙处理？⑨选择几个景观植物组团进行说明植物上、中、下三层苗木具体配置？⑩植物的色彩搭配如何处理？⑪主要的常绿植物有哪些？⑫开花的植物有哪些？

（2）城市公园绿地现状调研：城市公园是城市建设的主要内容，是城市绿地系统的重要组成部分，为城市居民提供必要的户外活动空间，改善人居环境，维护城市生态平衡发挥着重要的作用。城市公园有不同的类型，不同城市在公园绿地的建设和管理上存在较大的差异。《城市园林绿地分类标准》（CJJ/T 85—2002）将城市公园绿地分为5个中类和11个小类。《城市园林绿地分类标准》（CJJ/T 85—2017）新版标准中将城市公园绿地分为4个中类6个小类。选择学校所在城市或者临近城市具有代表性的城市公园作为调研对象。①项目概况；②入园人数、活动情况、人流集中区域统计（场地设置和使用情况）；③公园体育、游乐设施情况调查，包括设施名称、数量、使用情况、可利用程度及游人评价；④引导标识和卫生设施情况调查；⑤如何运用地域文化元素塑造园区景观？⑥如何运用原有地形处理园区的地形高差？⑦园内水景设计风格是什么，表现形式有哪些？如何实现山、水、绿（植物）的结合？水生植物主要有哪些？⑧不同地面铺装材质特点，各有何优缺点？⑨公园中内向空间和外向空间如何设计处理的？⑩看与被看手法在公园中如何运用？⑪空间对比手法在园区中如何运用？⑫藏与露在园区中如何体现？⑬园区内公共卫生间设计如何巧妙处理？⑭公园植物种类及配置情况。⑮公园空间序列如何设计？⑯驳岸如何设计？⑰柔性材料如何运用？

（3）居住小区绿地现状调研：居住小区绿地是城市建设的主要内容，是城市绿地系统的重要组成部分，为城市居民提供必要的户外活动空间，改善人居环境，维护城市生态平衡发挥着重要的作用。从使用者角度出发，对经过设计并正在使用的小区绿地进行系统的评价使设计专业学生既可从中学习研究方法，又能深刻地了解人与空间之间的相互作用。通过对建成的小区环境景观实例调研，总结和综合运用已经学习到的基础知识和专业知识，了解城市小区环境景观规划设计的基本手法，城市居住区环境景观的特点，巩固和加深对各课程之间综合运用以及对居住区绿地系统规范的学习，达到理论联系实际。①项目概况：居住小区的位置、周边情况（设施）、交通条件等，居住小区的占地规模、建筑面积、类型（中高档）配套设施，开发意向、思路、理念、方法、实践的途径；②居住小区规划设计布局和交通体系；③建筑风格、布局及构造；④认真收集和分析相关背景资料，对小区的外部环境进行分析，主要分析小区与周边环境的关系，并绘制区位分析图；⑤进行居住小区绿地的生境分析、空间结构分析、文脉分析和行为分析；⑥调查居住小区环境整体景观结构布局，调查其原有地貌文化，调查小区环境景观的组成元素特征（场所景观、硬质景观、建筑景观、绿化种植景观、水景景观和照明景观等）；⑦分析小区入口与周围环境的关系，对小区户外活动的行为规律进行调查，了解小区组团外部的空间组织和组团内部的空间组织，分析居住小区结构、交通体系及设施配套内容，并绘制空间功能结构图；⑧调查居住小区铺装系统，分析小区道路系统规划空间组织是否合理。无障碍设计是否达到。公共活动空间的环境设计有什么特色；⑨调查居住小区园林设施内容、数度、规模和布置方式，是否方便使用？并绘制布置图。⑩调研园林小品、雕塑、设立小区标志性雕塑（设计表达的内涵）？⑪调查小区的植物群落及品种（季相）；⑫设计科学的问卷，通过问卷获得主观评价的量化体系。

（三）编写调研报告

调研目的、意义、小组情况、调查方法步骤和项目介绍等。

调研自然环境条件：区位、气象、地形地貌、海拔、土壤、污染情况、水文及植被情况等。

调查用地性质及人文简况，现场测绘手稿。

各类分析图：如道路，景观，绿植、功能、现状分析，常常使用定性结合定量方法，大多采用叠加法，逐项调查影响因子，进行综合评判。

经验教训：实践中成功与失败的存在问题和经验教训以及解决办法。

基地的群众访谈和建议，群众及专家们的意见要求。

参考图书、资料文献。

（四）实训成果

1.城市道路绿地调研实训成果

（1）文字报告：对道路的现状进行分析。分析内容有：道路绿地的现状、植物种类多样性、景观质量、将来可以提升的方面。

（2）实测图纸：实测100 m典型标准段。图纸内容包括平面图、立面图、横断面图、植物配置图及整体设计说明。

（3）植物种类及配置情况调查表：植物种类及配置情况调查见表3-1。

表3-1　绿化植物（树木、草坪地被）调查统计表

种名	科名	植物形态			生长状况			株树	丛数	面积	病虫害	
		乔木	灌木	草本	优良	一般	较差				有	无

2.城市公园绿地现状调研实训成果

（1）文字报告：对现状进行分析，撰写现状研究分析报告。分析内容包含公园的绿地现状、绿地构成形式、公园的功能分区、公园的游人数量、年龄构成、活动区域的分布与公园功能分区的联系和公园将来的发展。

（2）相关图纸：公园平面图、典型区域剖立面图、重点景观区效果图和重点景观区植物配置图。

（3）植物种类及配置情况调查表：植物种类配置情况调查见表3-1。

3.居住小区绿地现状调研实训成果

（1）PPT部分：由小组成员共同完成调研PPT。内容包括区位分析居住区绿地结构、交通组织、景观要素布局、功能和使用状况。可以在此基础上进行

拓展分析。

（2）实训报告：报告内容包括附属绿地的绿地结构、交通组织、景观要素的布局（植物、小品、水面、铺装等）、功能及使用状况（不同年龄，不同专业使用人群的活动等）、从专业角度提出如何提升景观效果的建议。

（3）相关图纸：平面图、典型区域剖立面图、重点景观区效果图、重点景观区植物配置图等。

（4）植物种类及配置情况调查表：植物种类及配置情况调查见表3-1。

四、实训内容

由教师讲解实训知识点，并举例说明分析优秀的绿地调查案例。

学生对熟悉的公园绿地进行分类调查与分析，制作PPT幻灯片，撰写调查报告，并综合分析公园绿地的优缺点。

五、实训要求

调查报告要图文并茂；为后期的设计提供良好的支撑；版面设计精美。

六、实训步骤

（一）准备工作

准备、熟悉和正确运用调查工具，如皮尺（卷尺）、相机、笔、记录本等；小组人员合理分工。

（二）现场调查

逐一调查现场的景观要素，如空间布局、交通路线、植物和小品等，调查场地景观情况，并分析其优劣关系。

（三）资料汇总

将调查的数据与图片进行汇总，分类分析汇总。

（四）编写报告

按照一定的秩序进行编写调查的内容，场地的景观优缺点着重分析，特别要注意图文的对应关系。

（五）制作幻灯片

制作PPT幻灯片，撰写调查报告。

第二节　园林地形分析

实训四　园林地形分析

实训学时：3学时

教学方式：讲授、实践

实训类型：必修

地形是园林中诸要素的载体，是构成整体园林景观的骨架，提供赖以存在的园林景观要素基面。

一、实训目的

了解不同地形地貌的特征和性质。

熟悉运用地形的相关理论知识分析园林地形地貌与其他园林组成要素的相互联系，掌握地形分析的方法，正确绘制地形分析图。

将传统文化融入园林地形分析，引导学生厚植爱国主义情怀，培养学生综合运用所学的地形知识进行分析设计。

二、实训材料及工具

计算机、绘图桌、丁字尺、图纸、针管笔、绘图笔、马克笔或彩铅等。

三、实训知识点

（一）地形的类别

园林的形式和空间构成受地形影响，园林小气候、给排水和植物分布等也受地形影响。园林的地形类型多，如平地、坡地、谷地、凹地、山丘、山峦、山峰、丘陵、坞、坪及假山等类型，可分为水体和陆地两部分，陆地部分又可分为山地、坡地和坡地。

（二）地形的表现方法

地形的平面图常常采用标注和图示的绘制方法。标注法主要采用地形上某些特殊点的高程标注法。图示法常采用等高线法，是地形最基本的直观表示法。

1.等高线法（图3-1）

等高线法是表示地形高低起伏的一种常用方法，依据某个参照水平面，用假想的相同距离的水平面切割地形，所获得的标高投影（水平正投影）图表示地形的方法。

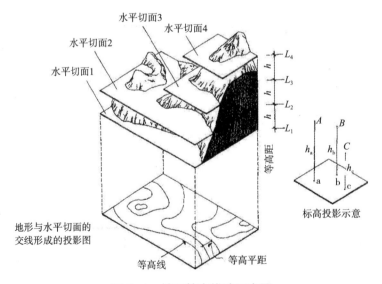

图 3-1 地形等高线法示意图

2.坡级法（图3-2）

①首先定出坡度等级；②依据拟定的坡度值范围，用坡度公式算出临界平距，划分出等高线平距范围；③用直尺或坡度尺量找相邻等高线的所有临界平距位置，保证两根相邻等高线与坡度尺或直尺相垂直，用虚线表示曲线中的减半等高距；④根据平距范围用线条或色彩绘制不同坡级（坡度范围）内的坡面，常常采用有单色或复色渲染法和影线法。

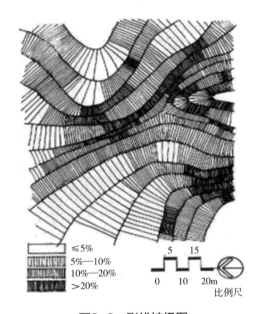

图3-2　影线坡级图

3.分布法（图3-3）

分布法是地形的直观表示法之一，主要用于表示基地范围内地形的分布和走向、地形变化的程度。整个地形的高程被划分成间距相同的多个等级，并进行不同等级的单色渲染，色度的等级随着高程从高到低的变化也逐渐由深变浅。

4.高程标注法（图3-4）

用圆点或十字标记地形图中某些特殊的地形点，并标注该点到参照面的高程。建筑物的墙体、转角和坡面等底面和顶面的高程、地形图中最低和最高等

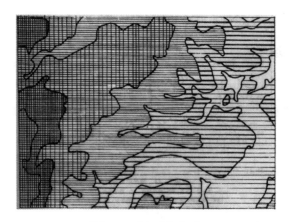

图3-3　地形分布图

特殊点的高程一般都采用高程标注法。因此，高程标注法常用于场地平整、场地规划等施工图。

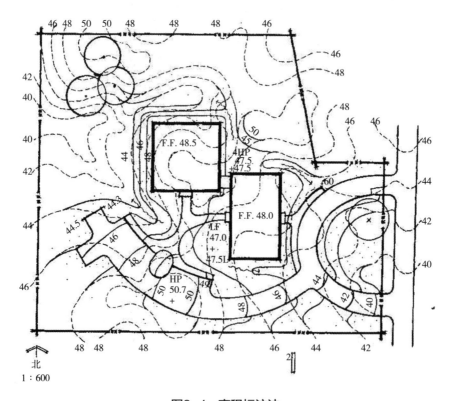

图3-4　高程标注法

四、实训内容

教师讲解园林地形实训知识点，并进行案例分析。

学生认真分析某绿地的地形地貌。

五、实训要求

采用合理的地形表现方法绘制地形分析平面图，图线应用要恰当，图样要符合标准要求。

地形分析剖断面图绘制时，剖断面位置选择要合理，地形地貌的主要特征要完全体现，图线应用要恰当，图样要符合标准要求。

地形地貌分析说明，分析要入微，观点要正确，条理要清晰。区分不同地形地貌的特征和性质，能结合其他园林组成要素进行综合分析。

六、实训步骤

识读竖向设计图。

根据园林地形特点进行合理的高程分级（或坡度分级），采用合理的地形表现方法绘制地形分析平面图。

剖断面能充分体现地形地貌主要特征，绘制地形分析剖断面图。

竖向设计图标注是否完整，图样是否正确。

作地形地貌分析说明，不仅要分析地形特征和性质，还要结合其他园林组成要素进行综合分析。

七、优秀参考案例

如图3-5所示为地形分析图，作为分析案例。

基地高程为中间向周逐渐降低。基地红线内最高程为48.31米,最低程为1.4米,最高点与最低点尊在46.91米高差。

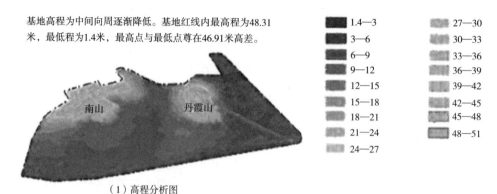

（1）高程分析图

坡向直接影响水土条件。

阳坡：光照较强，蒸发量大，土壤持水量低，对植物生长不利。

阴坡：土壤相对蒸发量小，持水量较多，对植物生长较为有利。

（2）坡向分析图

图3-5　地形分析图（漳州市城市规划设计研究院）

第三节　园林空间布局分析

实训五　园林空间布局分析

实训学时：3学时

教学方式：讲授、实践

实训类型：必修

园林空间是人与外界环境交流的媒介，不同的空间类型、丰富的空间层次，时而封闭、时而开敞，时而低临、时而高旷，创造了丰富多彩的景观效果，使园林景观变成了可观、可听、可感的三维空间系统。

一、实训目的

学生了解空间的类型和空间布局的方法。

以习近平新时代中国特色社会主义思想和党的二十大精神为引领，引导学生厚植爱国主义情怀，培养学生综合运用所学知识进行空间布局分析。

二、实训材料及工具

绘图桌、图纸、针管笔、HB或2B铅笔、马克笔或彩铅、计算机等。

三、实训知识点

（一）园林空间的特性

1.边界的模糊性

园林空间不同于有建筑内外空间，其边界的形式是多样的，边界是模糊的。

2.元素多样性

园林设计要素多样性，如地形、构筑物、假山石、植物、水体、园林建筑等元素。

3.自然开放性

园林空间是人与外界环境交流的媒介，是直接面向自然开放的，园林设计是直接在处理人和自然以什么方式进行接触的问题。

4.感官体验多样性

园林空间是由视觉、听觉、嗅觉、触觉和味觉等感官的综合体验感知，是对"整体园林景观"的感知。

5.场地的先决性与可塑性

场地本身的特征，既是一种限制，又是一种具有唯一性的宝贵资源。

（二）园林空间单元的表征

园林空间单元是指每个空间的形式、体量、色彩、质地等形态因素不同所形成的较为简单的单一空间。这些因素的强弱变化都会给人留下完全不同的感受，而形态特征的产生在于差异化、个性化。园林空间的存在及其特性来自形成空间的构成形式，空间单元在某种程度上会带有围合界面的特征。单元空间秩序的建立基本上取决于围合空间的界面。园林空间单元最基本的四个表征是空间的尺度、空间的围合度、空间的密度和空间的郁闭度。

1.空间的尺度

尺度是场地空间大小的量度，通过人的视、听、行等各方面的生理感觉应用尺寸、比例表达人与物、物与物之间的相对量比关系。空间尺度侧重于空间与空间组成要素的尺寸配合关系，以及空间与人的行为活动的生理配合关系。

2.空间的围合度

园林空间围合度的变化包括平面和立体空间两个方面：

（1）在平面上，空间边角的封闭使空间具有围合感。边角封闭的程度越高，空间的围合度也就越高；较强的围合构成的景观空间具有自聚性和内向性，内聚力和安全感强；较弱的围合构成的景观空间具有开敞性和自由性，内聚力和安全感较弱，视线和围合感从边角中溢出，与相邻的空间渗透性较强。

（2）在立体空间上，根据围合程度空间可分为无围合、临界围合、半封闭围合、全封闭围合四种类型。

3.空间的密度

园林空间密度是一个相对性的概念。它是指园林环境中景物要素在一定空间容积中所占比例。植物绿化和硬质的总体积除以整个外部开放空间的总体积，所得到的比值就是"园林空间密度"。

4.空间的郁闭度

空间郁闭度是乔木树冠在阳光直射下，在地面的总投影面积除以整个空间单元的总面积所得到的比值。

（三）空间单元的构成元素

园林空间单元的构成元素有五大类，分别是地形、植物、水体、园林构筑物和园林建筑。

1.地形

园林空间的最重要的构成元素之一是地形，地形是园林空间的骨架，是其他元素存在所依附的基础，对园林景观最终建成效果影响巨大，设计开展的最主要的现状条件是现有的地形。

2.植物

园林设计中最富自然秉性的、最活跃的元素是植物。它最大的特点是具有生命性，同时植物元素多样的种类和丰富多彩的表现特征为园林空间的组合提供了各种组织方式。

3.水体

园林设计中最迷人和最能激发人兴趣的因素之一是水。理水也是我国传统园林的重要内容之一。水是园林空间构成的重要元素，是全园生气所在。

4.园林构筑物

园林构筑物是园林景观中除建筑外的非自然设施的总称，不仅可以满足通行、导向、休憩、娱乐、健身等功能，而且可以活跃和烘托环境气氛，从而提高整个园林空间的艺术品质。

5.园林建筑

园林建筑不同于其他房屋建筑，园林建筑作为园林空间的重要组成部分，它不仅给人们带来许多服务、休憩和娱乐功能，而且创建一个赏景的场所，给人们提供观景功能。

（四）园林空间的组织

园林环境往往是由多个空间单元或要素组成的空间群，因此园林空间的组织关键在于将不同的单元组合起来，创造空间的"整体感"，其中包括景点与环境间的协调以及园林空间单元间的沟通，形成和谐的连续感。园林空间的组织可以有嵌套空间、邻接式空间、穿插式空间、由第三空间连接的空间。

1.叠加与融合

"叠加与融合"即以整合为手段，通过渗透实现融合，是场地空间秩序建构的基本方法与策略。针对不同的环境条件，以生态优先为前提，尊重场地肌理，再结合园林空间的营造及人的行为需求，由此构建、重组场地空间秩序。

2.轴线与对位

轴线是生成秩序最为简便的方法，不同元素、空间整合在一起需要有个统摄全局的线索与轴线。对位同样是在不同的景观要素之间找到某些特殊的关联，使原本分属于不同个体或空间的部分在空间上联系在一起。

（1）空间轴线。对称轴线指位于平面中央的一条中轴线，所有景观环境要素以中轴线为准对称分布排列。临近轴线的空间由于轴线的统领，景观空间单元效果大于个体的景观，在体量等形式特征上要适应于临近轴线的空间，从而使空间更加庄严大气，纪念性、严肃性的场所经常采用对称轴线设计。

不对称轴线不同于对称轴线，往往给人以轻松、活泼、动感的视觉效果。不对称轴线主要考虑空间的非对称性，沿着园林轴线不完全均衡地布置各个景观空间。

（2）视觉轴线。视觉轴线相似于中国传统园林中的对景，强调各个景观单元之间的对位关系，包含轴线、空间和隐含在场所之间的肌理关系。交叉轴线或辐射式布局指的是将两条或更多的轴线聚焦在一个共同的空间中心上，两个相交的轴线常常一条是"副轴"，另一条是"主轴"。在若干轴的交叉点上的景观通过轴线的向心性表现。

（3）逻辑轴线。逻辑轴线是统摄外部空间的线索，使得园林空间的组织具有逻辑性和明显的顺承关系。形式上虽然没有明显的轴线和对位关系，但空间之间却有着隐性的关联性，从而营造出园林景观体验的连续性。逻辑轴线往往用于陈述性空间，如时间、人物、自然规律等。

3.围合与渗透

空间的形成来源于围合，空间的变化则来源于渗透。传统造园讲究的对景、借景，便是利用空间单元之间的渗透效应。园林环境的平面和空间布局自由，空间相互穿插、彼此渗透，毗邻空间的连贯和对比最能够产生变化的空间效应，因此园林空间是"多孔"的。

4.拆分与重组

园林空间有"越分越大"一说，呈现出部分之和大于整体的效应，即"1+1＞2"。适当地拆分原有的空间结构，并重新组合，能产生意想不到的效果。拆分与重组是丰富外部空间的基本手法，改变场所本身固有的秩序并重新建立起新的空间秩序。"拆分重组"的构图思维，加入了更多的元素，极大地丰富了空间信息量。

（五）园林空间的序列

园林空间中原本就包含了功能、形式、空间、生态等多重秩序，园林环境是一个系统，整体效益取决于局部及每一因子本身的秩序。这种局部与整体的动态关系主要依赖于园林景观系统的整体建构。传统的园林设计往往需要展现明确的序列关系，而现代园林往往表现无序甚至混乱的做法，大量采用随意性构图，跳出"网格图"以"随机图"建构园林空间。

1.序列的构成

园林空间序列分成"起、承、开、合"，这四个部分彼此包含，相辅相成。承载人们游憩行为的园路如同一系列序列的载体，由子序列构成大的序列。有个性的、精心组织的空间序列，使得园林景观整体环境具有艺术格调高雅而又富于创造性。园林空间序列通常由四个部分组成：前导、过渡、高潮、尾声。

2.序列的组织

（1）空间序列的基本模式。空间序列需要人的流动方能体验，设计空间序列的重要手段是通过园路的流线体现，通常有"并联""串联""辐射"三种基本模式。

（2）空间分割方法。空间分割方法以表面分割和端点分割最为著名，它是派普内斯和瓦因曼等学者发展的一套新的空间构形分析方法。

3.园林空间的节奏

地形、植被和水体的相互关系营造园林空间的节奏与运动感，从而使园林设计充满方向感和整体感，营造出各种印象深刻的画面。

（六）园林空间的生成

空间与行为、生态、文化的整体关系的构建是园林空间的构成的关键，四要素相互影响、相互制约。园林空间脱离了与所处环境的关联性、整合性，也就丧失了建构的依据，失去了空间意义。同时，其余三要素的实现也离不开"空间"这个载体，最终都将在"空间"中得以实现。因此，空间的生成是实现园林景观环境的首要任务。

1."图"与"底"的关系

在园林设计中"底"不仅要占据大部分的空间，而且需要加以特化处理，突出均质化。所谓"万绿丛中一点红"，这其间不仅有"量的比例"，更有形式特征上的强对比、反差，相对于背景而言，景观节点"体量"宜小，但形态要素如色彩、造型、构图等则均应与背景产生差异，从而拉开"图"与"底"的距离，进而使图形（图）在背景（底）的衬托下更清晰地表现出来，凸显景象特征。

2.结合场地肌理生成空间

优秀的园林景观应当是如同从场所中生长出的一般，作为能够反映场所肌理的一个片般而存在。要确定场地的设计秩序，必须在更大的范围内寻找脉络，这样才能使新的设计与原有环境结构形成整体。

3.结合行为生成空间

场所概念强调物体或人对环境特定部分的占有，以满足人们对场所不同的使用要求。园林空间要适应现在的复杂的功能需求，还要不断地满足多变的未来需求。空间形态的多样化有利于满足景观环境的多种功能，如交通、集会、运动、休闲等。多样化的空间单元，信息量大，具有更强的吸引力，有利于激发参与者的兴趣。

四、实训内容

教师讲解实训知识点，并举例分析景观布局的图纸。

学生认真识读教师给定的平面图后，按照景观布局的方法、原则分析小区的景观总平面图和空间布局图。

五、实训要求

景点的位置正确。

分析图样符合标准要求，图线应用恰当。

空间之间的联系正确。

六、实训步骤

识读如图3-6所示的某小区景观总平面图。

在图纸的中部画出总平面图的简图。

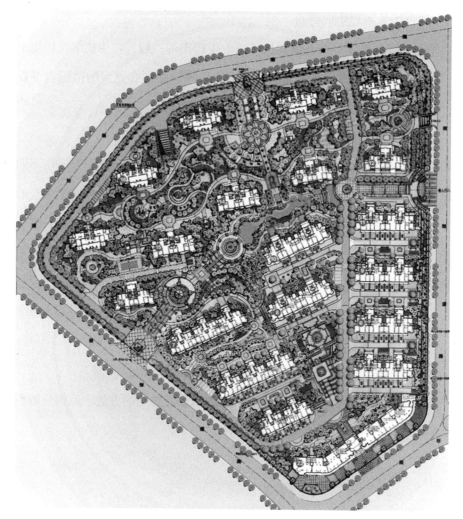

图3-6 某小区景观总平面图（香港阿特贝尔景观有限公司）

　　根据景观空间的布局，在总平面简图上用分析图线表示出各空间位置，并用不同颜色进行标示。

　　用分析线条，分析各景观空间之间的关系，景观空间的序列关系。

　　绘制空间布局分析图（图3-7）。

　　标示图例。

七、优秀参考案例

本案例选自香港阿特贝尔大华锦绣华城项目，如图3-7所示。

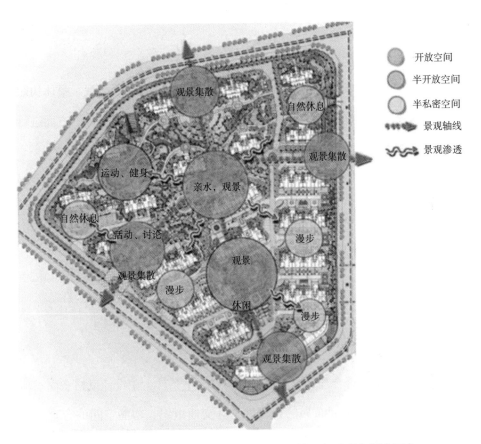

开放空间
半开放空间
半私密空间
景观轴线
景观渗透

图3-7 某小区景观空间布局图（香港阿特贝尔景观有限公司）

第四节　风景园林设计方案分析

实训六　风景园林设计方案分析

实训学时：3学时

教学方式：讲授、实践

实训类型：必修

一、实训目的

学生了解不同设计方案的设计意图、设计思路。

学生能够领会比较不同设计方案的设计手法，从园林功能体现、整体构图效果、场地安排、地形变化、道路设计、建筑小品布置、植物景观等方面进行方案分析。

将传统文化融入园林方案分析，引导学生厚植爱国主义情怀，培养学生园林方案综合分析能力。

二、实训材料及工具

计算机、绘图桌、丁字尺、图纸、针管笔、绘图笔、马克笔或彩铅等。

三、实训知识点

一个设计方案是否合理，应看它是否符合以下条件：①设计风格意向与项目的契合度；②景观空间布局的合理性；③交通组织、功能空间的合理性；④设计是否考虑使用者心理流线；⑤关键节点的空间效果和体量关系；⑥设计图纸与意向图片意境的吻合度；⑦设计的创新意识；⑧设计的可实施性。

方案的比较即是从多个方案中，看哪个方案在以上8个条件中更符合，而最终确定最符合的一个方案。

四、实训内容

教师讲解园林设计方案分析实训知识点，并举例不同景观方案的分析实例。

教师给定的三个不同方案，学生认真识读后，分析三个不同设计方案的优缺点，确定出最优方案，写出理由。

进一步思考三个不同景观提升方案。

五、实训要求

园林设计不同方案的分析与说明，剖析要入微，条理要清晰，论点要正确。要求学生掌握不同设计方案的设计意图、设计思路和所使用的设计手法，从园林功能体现、整体构图效果、场地安排、地形变化、道路设计、建筑小品布置、植物景观等方面比较分析不同设计方案的优缺点，并作出综合评价。

编制必要的分析表，如分区关系表、用地平衡表等。

绘制必要的分析图，如景观结构分析图、功能分区图、交通组织分析图、空间分析图、剖立面图和局部效果图等。

分析说明总字数不低于800字。

六、实训步骤

识读如图3-8所示某小学附属绿地的三个方案设计图。

分析不同设计方案的设计意图和设计思路，分析每种方案的不同设计手法。编制必要的分析表和分析图。

从园林功能体现、场地安排、整体构图效果、地形变化、建筑小品布置、道路设计、植物景观等方面进行不同设计方案的优缺点分析。

综合评价不同园林设计方案，确定最优方案。

总字数不低于800字设计说明。

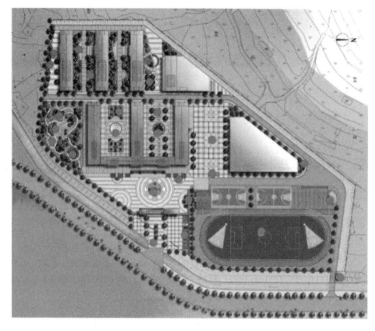

①主入口广场
②停车场
③时钟广场
④宣传窗
⑤景观花池
⑥运功场
⑦篮球场
⑧沙坑
⑨保安亭
⑩小品雕塑
⑪旗台
⑫集会广场
⑬天文广场
⑭景观树池
⑮模纹花坛
⑯地理广场
⑰休闲迷宫
⑱寸金池
⑲书香亭
⑳学海印记
㉑弧形座凳
㉒百芳园
㉓会友广场
㉔晨读广场
㉕树阵广场
㉖梦想广场

（1）某小学附属绿地方案a

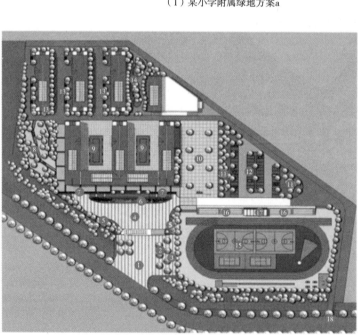

①主入口
②树池坐凳
③宣传栏
④入口铺装
⑤入口绿化
⑥跌水景墙
⑦垂直绿化
⑧学习园地
⑨教学楼中庭景观
⑩育芳广场
⑪隔离绿化
⑫林荫停车场
⑬宿舍楼间绿化
⑭植物园地
⑮运动场
⑯观众席
⑰主席台
⑱次入口

（2）某小学附属绿地方案b

①主入口
②入口树阵广场
③大门
④聚散休闲广场
⑤景观花池
⑥教学楼
⑦台阶
⑧汀步
⑨花架
⑩景石
⑪特色景墙
⑫景观大树
⑬宿舍楼
⑭楼前绿化
⑮办公楼
⑯铺装广场
⑰景观树池
⑱生态停车场
⑲足球场
⑳篮球场
㉑沙坑
㉒旗台
㉓次入口

（3）某小学附属绿地方案c

图3-8 某小学附属绿地的三个方案设计图（作者指导作品）

第四章

园林要素单体设计实训

第一节　园林水体景观设计

实训七　园林水体景观设计

实训学时：3学时

教学方式：讲授、实践

实训类型：必修

水是人们心中的向往，人们历来喜爱择水而居。在现代园林的水景规划设计中，天然水景占有着非常重要的地位，它具备了水景固有的特点，而且表现得多样化，很容易就与周围景观产生了某种联系。它有高度灵活性、巧于因借的优点、可发挥有效利用空气、调整水景中不同的功能，还可确定旅游路径、给人明显的方向性。所以，通过研究水景的功能，明确水景的意义，掌握水景的基本设计形式，并通过研究水体景观中不同景观要素的相互作用来表现设计的目标，是有着重大价值的问题。

一、实训目的

学生了解水体景观的功能，了解水体景观的基本形式及其使用方式。

以习近平新时代中国特色社会主义思想和党的二十大精神为引领，实施"时代新人铸魂工程"，培养学生掌握水体景观的基本理论、技能和方法，灵活运用这些知识到水体景观设计实践中去。

二、实训材料及工具

绘图桌、图纸、计算机、针管笔、HB或2B铅笔、彩铅或马克笔。

三、实训知识点

（一）水景的种类

根据建造方式的不同，水景可分为人工水景和自然水景两大类。人工水景则是以水为主体的人工构筑物，主要有四种形态：静水、流水、落水和喷水，别墅庭院、私家花园、屋顶露台常常使用人工水景。自然水景是以江河湖海等自然水景为背景，顺应自然地形环境进行景观构思，具有代表性的旅游景点或大型的公共艺术景观经常采用自然水景，如人工湖、水池、溪流等。

1.湖

是指陆地上水域比较宽广、水流缓慢的水体。视野开阔，驳岸自由曲线，或砌石或堆土，沿岸远近不同、高低错落地种植耐水湿的植物。

2.水池

是指园林中人工建造的池塘。通常较小而浅。形状或为规则几何形，或为不规则自然形。岸边处理有自然石驳岸、整型块石驳岸、砖混池岸三种。水池通常结合喷泉、雕塑、花坛等布置，或放养观赏鱼，配置水生花卉等。一般布置于庭院一隅或道路交叉口、建筑广场等，作近距离观赏。

3.溪涧

指园林山地中的水景处理手法之一，既两山间的曲折水流。急流为涧，缓流为溪。园林山间水流总是布置成有急有缓，通称溪涧，如无锡寄畅园"八音涧"、南京瞻园"西山涧"等。

4.瀑布

从河床断面陡崖或悬崖处倾泻而下的水，称为瀑，因其形如布垂而下，故称为瀑布。而园林中的瀑布则指人工模拟自然瀑布，从假山悬崖处流下所形成的水体景观，由五部分组成，即水源（上流）、落水口、瀑身、瀑潭和出水（下流）。因下落方式不同，瀑布可分为挂瀑、叠瀑、飞瀑和帘瀑。

（1）挂瀑：瀑口较宽，水流缓慢，水由上往下直落。

（2）叠瀑：水分阶段落下，整个瀑身由几段叠加而成。

（3）飞瀑：水流较急，水向前冲击呈线型斜落而下。

（4）帘瀑：落水口较宽，水流量小且分散，水落下时呈珠帘状。

5.跌水

也称叠水，是指呈多层阶梯连续流出的水体景观，即水层层重叠而下。

6.喷泉

是指经过人工加压的水由地下喷射出地面所形成的水体景观。喷泉通常由水池、管道系统、泵阀、动力泵、喷头等部分组成。

（二）水景设计的原则

1.宜"活"不宜"死"的原则

城市里有了水，才有了生命力。流淌的活水给城市带来生命力和灵气。假如把城市河流类比成城市的血管，那流淌的城市水系便是保障城市血脉流通的基础环境，而城市血管流动的功能则是保障都市肌体安全的前提条件。

2.宜"弯"不宜"直"的原则

河流的本性是多样性、自然性弯曲，故水景设计要随弯就弯，不能裁弯取直。蜿蜒曲折的急流与缓流相间、深潭与浅滩交错，具有生气、灵气。

3.虚实结合的原则

水中有道意，水中有哲理，水中有禅味。利用水的动与静，结合周围环境形成的虚实意境。

（三）水景的设计手法

1.水体形态

水景的形态没有固定形式，因容器而定，如风景园林中的静态湖面，岛、堤、桥、洲等常常设置于湖面，扩大水面空间感，增加水面的层次与景深，增添园林的景致与趣味。

2.光影因借

（1）倒影成双。四周景物倒影于水中，借助水使景物变一为二、上下交映，扩大了空间感，增加了水面的层次与景深。

（2）借景虚幻。岸边景物设计，必须结合周边的环境、水域的位置、高低一起考虑，才能达到完美的视觉效果，这种利用虚景的方式，能够提高游人的寻幽兴趣。

3.动静相随

风平浪静时，微风送拂，水面产生细细的涟漪，倒影随波而动，产生一种朦胧的动态美。如果遇大风，水面产生较大的激波，倒影立即消失。

四、实训内容

由教师介绍实训知识点，并举例说明分析水体设计的案例。

要求按照既定的自然景观条件选择恰当的水体景观形式和地点，并根据水体景观园林及绿化工程设计的基本原则和艺术手法进行园林绿化工程设计，并绘制总体平面图、立面、剖面图和景观效果图。

五、实训要求

教师讲解实训知识点，并举例分析水体设计案例，给予学生一定的启示。

学生根据某社区商业步行街的自然景观条件选择恰当的水体形式和地点，并根据水体景观园林及绿化工程设计的基本原则和艺术手法进行园林绿化工程设计，并绘制总平面图（图4-1）和景观效果图（图4-2）。

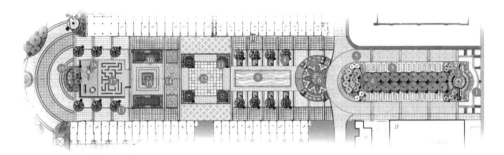

①主入口　　　　　　　⑥步行街入口广场　　　　⑪跌水式树池　　　　⑯休闲廊架
②LOGO标志景墙结合跌水　⑦特色跌水景观　　　　⑫旱喷广场　　　　　⑰趣味迷宫
③生态停车场　　　　　⑧错层式种植池结合景观灯　⑬树池　　　　　　⑱趣味滑梯
④林荫树阵　　　　　　⑨雕塑广场　　　　　　⑭特色铺地　　　　　⑲特色铺装
⑤特色铺地　　　　　　⑩花钵　　　　　　　　⑮台阶式跌水广场

图4-1　水景设计参考总平面图（香港阿特贝尔景观有限公司）

图4-2　水景设计参考效果图（香港阿特贝尔景观有限公司）

六、实训步骤

（一）准备工作

制图工具的准备、熟悉和正确运用。

识读、分析环境地形图。

图纸固定。

（二）绘制水体景观平面、立面草图

先绘制图幅线、图框线和标题栏。

绘制水景平面、立面的草图。

修改草图。

（三）绘制正式平面图

绘制立面或剖面图，并在平面图上标注立面或剖面图的具体位置。

绘制水体景观效果图。

进行标注，整理图面并署名。

七、优秀参考案例

如图4-3为某会所的水体景观设计。

图4-3　某会所的水体景观设计图（香港阿特贝尔景观有限公司）

第二节　园林小品景观设计

实训八　园林小品景观设计

实训学时：3学时

教学方式：讲授、实践

实训类型：必修

园林小品是园林景观中重要的组成部分，不仅具有观赏效果，还兼具照明和组织路线等功能，为园林管理和方便游客游行而设计的小型建筑设施。园林小品所占空间往往不大，但其形式多变，造型别致。园林小品景观设计实训的目的是加深学生对园林小品的概念认知。

一、实训目的

学生了解园林小品的基本形式及其使用方式。

以立德树人、以德铸魂、以文化人等为引领，围绕深入学习贯彻习近平新时代中国特色社会主义思想和党的二十大精神，培养学生采用科学的方法和步骤进行园林小品的设计并掌握园林小品的设计原则。以习近平新时代中国特色社会主义思想和党的二十大精神为引领，实施"时代新人铸魂工程"，培养学生掌握水体景观的基本理论、技能和方法，灵活运用这些知识到水体景观设计实践中去。

二、实训材料及工具

计算机、绘图桌、图纸、丁字尺、针管笔、绘图笔、彩铅或马克笔。

三、实训知识点

（一）园林小品的特点

1.艺术观赏性

人工创造的或人工将自然素材加工而成的园林艺术形象，是园林艺术家经过艺术构思、创作、设计并建造出来的园林景观，如凉亭、雕塑、假山、喷泉。

2.丰富多样性

表现形式多样，有具体的有抽象的，有单体的有组合的，有规则的有自由变化的，有古典特色的有现代风格的。表现内容有园林建筑小品、园林设施小品、雕塑小品、文化小品、植物小品、山水小品以及器物小品。

3.小巧性

规模体量小，造型简洁、典雅、新颖，灵活多变。

4.协调性

与其所在的园林环境乃至整个园林主题相协调统一。

5.题景性

通过题名、题咏、题诗等来丰富和表达景观内涵，园林小品常是题景的一种"载体"，或挂匾额、楹联，或直接书写镌刻。

（二）园林小品的类型

1.按内容不同分为七类

（1）园林建筑小品。

（2）园林雕塑小品。

（3）园林山石小品。

（4）园林器物小品。

（5）园林设施小品。

（6）园林植物小品。

（7）园林水景小品。

2.按材料不同分为六类

（1）竹木小品。

（2）砖石小品。

（3）植物小品。

（4）混凝土小品。

（5）金属小品。

（6）陶瓷小品。

（三）园林小品的构思立意

1.立其意趣

依据自然与历史特色，进行景观和小品的创意创作。

2.合其体宜

在适当的地点和布局，做到了巧而得体，精而适度。

3.取其特色

充分反映并突出了园林小品的艺术特点，将其恰到好处地熔铸于花卉造型当中。

4.顺其自然

不打破固有形象，做到涉门成趣，得景随形。

5.求其因借

通过对天然景物形态的取舍，让造型简单的建筑小品达到景物丰富充实的效果。

6.饰其空间

充分发挥园林小品的实用性、多样化以充实景观空间。

7.巧其点缀

强化需要突出的景物，影响景物的角落被巧妙地转化成游赏的对象。

8.寻其对比

把两个明显不同的元素巧妙地组合起来，互相衬托，显出双方的优势。

（四）园林小品设计的构思方法

园林小品功能上限制较小，有的几乎没有功能要求，但构思角度较多。因此园林小品的材质、色彩、造型立意更加自由和灵活。

1.原型思维法

某种现象或事物的刺激会产生瞬间的灵感，产生创作性的构思。心理学上把那些能够激发灵感构思的现象或事物称为"原型"。原型赋予创作作品一个独特的构思和立意，它们之间那些或显或隐的相似点或共同点具有启发性。当设计者看到或联想到某个原型，头脑能够产生对构思有用的"启发"特性，产生灵感进行创作思维。

大多数设计作品都受"原型"的影响和启发。例如，贝聿铭设计的香港中银大厦设计构思灵感来自中国古老格言"芝麻开花节节高"的启示；柯布西埃设计的朗香教堂设计灵感受到岸边海螺造型的影响和启发。原型思维法包含形象思维和创造性思维。园林小品创作的素材和灵感视线来自具体思维（具体事物和实在形象）和抽象思维（话语或现象的感知）的影响和启发，再通过创造性思维、收敛性思维和发散性思维的头脑风暴，创作出不同方案园林小品。

2.环境启迪法

在小品创作中，小品本身的体态和表情都会直接或间接地受到许多方面的因素影响，从景观艺术设计及其表现方法上来看，小品所在的社会条件又是千差万别的。在景观艺术的大框架内所有的景观，连同它的体态构造和表演，都是与特定的社会自然环境条件发生关联，而创作我们的艺术作品，也是要在它们之中去寻找具有审美意义的内在联系，从而将这种存在关系转化为景观小品的总体构成及其所表演的外部显性艺术表现。所以，景观启迪技术就是通过对基地自然的造型特征加以归纳整合和形象思维处理，形成创意灵感，从而实现创造性思想的发散，从而创造出与大自然和谐共生的园林景观小品。

（五）园林小品设计手法

在以上一种或两种构思手法和思维方式的联合指导下，运用不同的方法对同一主题的理解常常是完全不同的。小品艺术，一般有以下几种表现方式。

1.雕塑化处理

雕塑化处理是原型思维的一种表现，园林小品创作常借鉴雕塑专业的设计手法进行设计，要求尺度合适，力图实现小品雕塑一体化。

2.植物化生态处理

植物化生态处理的目的是使小品建筑有"融入自然的表情和体态"，与自然相融合。具体做法是通过构架和构造上的处理，绿色植物点缀或覆盖在园林小品上，从而达到构筑物藏而不露；通过造型处理，植物种植于园林小品上，如覆土植物、攀缘植物等。

3.虚实倒置法

研究和观察（原型思维）园林小品的常用形式，受到环境的启发创作出人意料的具有强烈对比的效果作品。

4.仿生学手法运用

在园林小品设计中运用仿生学手法模仿自然界的生物造型（原型），包括植物和动物的形态，创作出栩栩如生、自然成趣的园林小品。

5.延伸寓意法

通过联想和创想对一些有深刻意义的词句或事物（原型思维）加以想象、创造和升华，创作出有内涵的、魅力回味无穷的、无限的遐想的景观小品。

综上所述，"想法"和"手法"相结合是园林小品设计的构思技巧与设计手法的关键。"想法"是通过对某种现象或事物的想象，刺激会产生瞬间的灵感，"手法"是解决问题的手段。因此，必须重视园林小品的设计和创作，为整体的协调环境创造增添光彩。

（六）园林小品设计时应注意的问题

园林小品设计要求有园林建筑技术，又要求有造型艺术和空间组合上的美感，应注意以下几点问题：

1.巧于立意

园林小品作为园林中局部主体景物，不仅具有一定的思想内涵，而且具有相对独立的意境。园林小品常常情景交融、巧于构思，富有美感和艺术感染力。我国传统园林讲究"三境"（"物境""情境""意境"）于一体。物境是指景物所营造的视觉景观形态；情境即触景生情，指人们对景观的心理感受；意境内容更深刻，常常利用心理、文化等因素引导人们进行欣赏园林风景，将其行为活动上升为心理活动，从而营造赏心悦目、浮想联翩、积极向上的精神环境。例如，在我国传统园林中，山石花台、几竿修竹常常配置于庭院的白粉墙前，形成一道美丽的风景，感染力强。扬州个园中利用假山石小品创造出四季意境（春山淡冶而如笑、夏山苍翠而如滴、秋山明净而如妆、冬山惨淡而如睡），促使游赏者可从中领悟到四季的轮回和时间的永恒，体验到珍惜光阴的人生哲理。

2.突出特色

园林小品创作切忌生搬硬套，不仅要体现园林环境特色及个体的工艺特色，还要体现浓厚的地方特色。例如，以"陶瓷"为主题的景观设计，草地上散落一些日常陶瓷制品，不仅贴近生活，又独具环境小品特色。

3.宛自天开

"虽由人作，宛自天开"是设计者们创作园林小品的匠心独运之处，不仅体现人工雕琢之处，还需人工与自然美融合。例如，在园林绿地中，树根造型的园凳好像在园林中自然形成的断根树桩，以假乱真，极其自然。

4.精于体宜

精于体宜是园林空间和景物之间最基本的体量构图原则。园林小品常作为园林的陪衬，体量上一般不可喧宾夺主和失去分寸，力求精巧和精于体宜。园林小品创作时要注意所在的园林空间大小，不同空间要有与之匹配的园林小品体量与尺度。另外，从主要的使用者角度考虑进行创作，如在儿童公园或游乐场的景观小品，由于主要使用者为儿童，创作时其体量要减小。

5.注重创新

运用先进的技术、创新的思维方法，设计创造了各类新颖的园林小品造型。优秀的设计艺术忌讳生搬硬套和雷同，把中国古老的地方园林传统和现代生活的审美需求，以及艺术价值很好地融合在一起，在此基础上加以提升和创造的。

6.因需设计

绝大多数园林小品具有高度实用性。所以，不仅要满足美观，还要满足实用功能和工艺要求。

四、实训内容

（一）园林实际工程项目参观调研

选择校内风景优美的场地或校外具有特色的园林景观进行调研。通过调研对所选区域进行园林小品数量的统计，同时分析园林小品与周边环境之间的协调性，从空间占比、尺度变化、美观度、功能性等方面进行调查，通过分析调研结果，总结调研报告，分析所选区域园林小品布置是否合理，批判地分析园林小品设计的优劣。

1.调研内容

（1）对所选调研公园进行分区、分小组调查，了解调研区域的布局特点。

（2）调研区域内园林小品数量、位置、功能统计，了解园林小品分布特征。

（3）通过调查数据分析园林小品与周边环境之间的合理性，分析其尺度变化关系。

（4）搜集现状照片。

2.实训成果

文字报告：对选取公园园区的现状进行分析，并统计整理出相关数据。分析内容包括园林小品分布特征分析、合理性分析、功能分析和美观性分析。根据现状特征分析园区内园林小品设计优劣，并提出优化建议。

（二）以"生态"为主题进行园林小品设计

1.场地设定与选择

设计是发现问题并解决问题的过程。园林小品的设计最终是服务于人，因此对于场地内服务人群的类型以及行为特征设定，有利于设计出科学合理的园林小品，因此在设计前期需要对设计的场地进行设定。

2.方案设计—展现"生态"理念

设计主题以"生态"为主，围绕主题和设定的场景，结合功能设定设计合理的园林小品，通过适当的文字说明，阐明园林小品如何支撑设计理念。

3.设计说明内容

（1）设计依据：列出设计园林小品过程中参考的相关行业及国家规范。

（2）设计概况：包括工程设计总用地面积、设计思路以及设计灵感来源。

（3）其他：场景说明。

4.设计方法和要点提示

园林小品是园林中重要的组成部分，能够提供游人休憩、观赏、组织游览路线的重要构筑物，其不仅具有实用功能，也同样具有观赏价值，因此园林小品在设计和应用时应注意以下几点：

（1）空间联系的纽带。园林景观设计的目的主要是协调人、社会与自然环境之间的关系，通过各种手段谋求人、社会与自然环境之间的和谐统一。园林小品作为景观设计中的重要组成部分，在丰富视觉空间、平衡空间构图、过渡景区等方面发挥了重要的作用。好的园林小品设计，能够将园林中各个景观元素有机地结合在一起，使其形成有序的、有过渡的空间设计。

（2）美学和文化价值的表现。园林小品对于文化发展和传承具有重要的作用。园林小品不仅能够体现创作者的美学观念，同时也体现了人们精神层面的追求，承载了创作者对当地文化的思考，反映人们的艺术品位和审美情趣。

（3）功能性与艺术性相结合。园林小品大多是公共服务设施，其满足游人在游览过程中产生的各种活动需求，如公园中的桌椅提供行人交流和休息的场所，路牌起到引导路线的作用，而厕所、垃圾箱等更是人们户外运动必不可少的服务设施。园林小品满足其功能之余，还应当思考其在环境当中的作用，考虑其与环境之间的协调性，这便要求园林小品要融入自然且具有一定的鉴赏价值。因此，在进行园林小品设计时，要使其兼具功能性和艺术性。

5.实训成果

设计图纸：平面图、立面图、剖面图能够准确地表达设计地园林小品的实际特征，通过合理的尺度表达园林小品与周边环境的关系，景观效果图要求准确地抓住其主题景观的特征，形体准确，结构严谨，比例得当。

五、实训要求

要求结合环境进行创作，功能合理，总体构思完美，图面表现能力强，具有一定的艺术造型能力。图幅、图例及文字标注符合制图规范，能准确地对图纸进行说明，要求设计说明要语言流畅，言简意赅，体现设计意图。

主题突出，景观有特色。

小品与环境的尺度对比恰当。

小品配景搭配得宜。

图纸绘制规范、完整。

六、实训步骤

分析主题，拟定环境。

选择体现主题的小品类型，进行构思，绘制草图。

搭配配景、周围的环境要素，注意尺度关系。

绘制正图，编写设计说明。

标注，检查并署名。

七、优秀参考案例

如图4-4为某公园的景墙小品设计。

图4-4 某公园的景墙小品设计（厦门市城邦园林规划设计研究院）

第三节 园林植物景观设计

实训九 园林植物景观设计

实训学时：6学时

教学方式：讲授、实践

实训类型：必修

园林植物景观设计指的是根据园林总体设计的布局要求，运用乔木、灌木、藤本植物以及草本等园林植物，按照植物的生态习性合理配置，按照艺术手法进行植物的形体、线条、色彩、质感、造型等设计，从而创造出一幅既符合生物学特性，又具有美学价值的生物立体画，供人们观赏、游憩。

一、实训目的

学生了解园林植物景观的基本形式、特性及其使用方式。

学生掌握不同植物类型设计要点和设计技巧，能够结合地方气候、土壤特点进行园林植物种类选择和配置。

学生掌握园林植物景观设计图的绘制方法。

以习近平新时代中国特色社会主义思想和党的二十大精神为引领，将传统文化融入"园林植物景观设计"课堂教学，引导学生厚植爱国主义情怀，培养学生灵活将植物景观设计融入园林景观整体，表达出特定的植物景观设计风格。

二、实训材料及工具

计算机、绘图桌、绘图纸、丁字尺、针管笔、绘图笔、彩铅或马克笔等。

三、实训知识点

（一）园林植物景观设计的基本原则

1.科学性

（1）要符合绿地的性质和功能要求。园林植物景观设计首先要符合园林绿地的性质和功能要求。园林绿地性质不同，功能也不同。例如，道路绿地的主要功能是蔽荫、吸尘、隔音、美化等，故行道树要选择易活、抗性强、耐贫瘠、树冠高大挺拔、叶密荫浓、生长迅速、耐修剪的树种，同时还需兼顾考虑交通组织和市容美观等问题。

（2）要满足植物的生态要求。园林植物景观设计时一方面可因地制宜，根据栽植地点的生态条件选择植物，适地适树；另一方面可创造植物正常生长的生态条件，适树适地。

（3）有合理的种植密度和搭配。常采用成年树的冠幅大小确定栽植间距，使种植密度合理，植物的营养空间和生长空间充分，群落结构稳定。为了达到良好的短期内配置效果，常常适当增加种植密度，过几年后再逐渐移植过多的植物。

2.艺术性

（1）变化与统一。在园林植物景观设计时，树形、线条、色彩、质地及比例既要保持一定的相似性，也要有一定的差异和变化，统一中有变化，显得既和谐统一，又生动活泼。

（2）对比与调和。园林植物景观艺术构图常采用对比与调和手法，有形象、体量、色彩、明暗、虚实、开合、高低的对比与调和。

（3）韵律与节奏。园林植物景观设计中包含简单韵律、交替韵律和渐变韵律三种。"简单韵律"指的是一种植物等距离种植；"交替韵律"指的是两种不同乔木交替重复，一种乔木与一种灌木相间交替重复，带状花坛中不同花色分段交替重复等；"渐变韵律"指的是连续重复的园林植物景观作规则性的逐级增减变化。

（4）均衡与稳定。园林植物景观布局设计也常常采用均衡与稳定方法。均衡表示园林植物在平面位置关系适当，稳定表示园林植物在立面轻重关系适宜。

（5）主体与从属。主体与从属也称为重点与一般，在园林植物景观设计中，乔木是主体重点，灌木、草本是一般从属的。园林植物景观设计常采用轴心或中心位置法和对比法突出主景。

（6）比例与尺度。比例指的是园林中不同景物之间的比例关系，尺度即景物与人之间的比例关系。

3.经济性

（1）因地制宜。园林植物景观要有地方特色、稳定性、经济性、多样性，可通过选择适应环境的植物种类降低成本，以乡土植物为主，引种培育植物为辅，避免生物入侵。

（2）合理结合生产，使观赏性与经济效益有机结合，可配置一些观果、观叶的经济林树种、速生树种等。

（二）园林植物景观设计的基本形式

1.花坛

在植床内种植一二年生的观赏花卉，运用花卉的群体效果表现图案纹样，或观赏盛花时群体的色彩美。依空间位置可分为平面花坛、立体花坛、斜面花坛、造型花坛和标牌花坛，依花材可分为盛花花坛、模纹花坛、浮雕花坛、毛毡花坛和彩结花坛，依花坛的组合可分为独立花坛、花坛组、花坛群。

2.花境

花境是一种带状自然式花卉种植形式，栽植在建筑物、树群、树丛、绿篱或矮墙前，模拟自然风景中林缘地带各种野生的宿根、球根及一二年生花卉交错生长的状态，加以艺术手法提炼，应用于园林景观中的一种花卉应用形式。

3.园林树木配置的方式

（1）孤植：采取单独种植的方式，有时也用2—3株合栽成一株，可以独立成景，主要体现树木的形体美。孤植树不仅可以作为园林景观构图主景，也可以作为配景。

（2）对植：对植指的是园林植物配置于园林景观构图轴线两侧，有对称栽植和非对称栽植。

（3）列植：列植的种植形式是规则式，常选用树冠体形比较整齐的乔灌木沿直线或曲线按一定的株行距连续栽植的种植类型。

（4）丛植和聚植：二者在艺术上强调植物的整体美，但也有区别。丛植是由二三株至一二十株相同种类的园林植物较紧密地种植成一整体林冠线的配植方式。聚植则由二三株至一二十株不同种类的树种配成一个景观单元的配植方式。基本形式有两株配、三株、四株、五株和六株以上的丛植和聚植。

（5）群植：群植（树群）指的是由二三十株以上至数百株左右的乔、灌木成群配植，可由单一树种组成，也可由数个树种组成。

（6）林植：林植指的是较大面积、多株数成片林状的种植，按其结构可分为疏林和密林两大类。

（7）篱植：篱植指的是由乔木和灌木成行成列式紧密栽植而组成篱墙的种植方式。

（三）园林植物景观设计的手法

1.顺应地势，划分空间

（1）空间包含地平面、顶平面、垂直面三个面，这三个面可以单独也可以共同组合实质空间或暗示空间。植物的空间感受到人们会在地平面、顶平面、垂直面上通过不同的方式影响人。

（2）植物空间划分应注意：①原地形处理不要过于雕琢或一律保留，尽量做到不留斧凿痕迹，匠心独具；②植物空间划分要顺应立地自然条件（地形起伏、园路的曲直变化及空间的大小等），根据欣赏要求进行空间划分；③植物种类多样性，但不能过于杂乱。骨干树种要根据自然群落关系进行合理搭配，在同一空间要相同或相似，在不同空间要有区别；④植物景观配置要求有一定的景深感。空间最好大小相济，变化多样，不能一览无余，似分似连，有封闭，有开朗。

2.立体轮廓，均衡韵律

（1）园林植物前后、高低错落形成的林缘线和林冠线构成植物景观的立体轮廓，植物的立体轮廓（空间轮廓）要有弯有曲，有平有直。

（2）自然式园林植物轮廓线忌烦琐，应曲折变化，空旷平地要前后错落，参差不齐。

（3）园林植物立体轮廓可重复出现，营造韵律感，如行道树景观。

3.主次分明，错落有致

（1）植物景观设计时不仅要充分考虑不同植物的生物特性、生态习性及观赏特性，还要突出主体。

（2）不同园林植物配置要模仿自然群落，做到疏密、高低错落有致。

（3）如果远景较好，前景采用露景手法营造，如果远景不佳，近景采用障景手法营造。

（4）合理搭配常绿树与落叶树，不同区域根据规范控制好比例。

4.一季突出，四季有景

（1）园林植物景观设计要充分考虑到植物的季相变化，做到四季有景。春景可选择春梅、翠竹、垂柳、迎春、樱花、碧桃等植物；夏景可选择槐树、广玉兰、合欢、绣线菊等植物；秋景可选择枫树、梧桐、银杏、黄栌等植物；冬景可选择蜡梅、南天竹、雪松等植物。

（2）如果由于环境条件没办法做到四季有景，应重点突出某季景观。

（四）园林植物景观设计的基本程序

1.任务承接

接受设计委托方相关图纸资料（如位置图、现状图、总平面图、地下管线图等）；搜集该项目的自然条件资料，如温度、降雨、光照、风向等气象资料，河流、湖泊、水渠等水文资料，地形地貌，土壤类型，交通与人口，地带性植被类型、主要种类、乡土植物等植被资料和当地绿化情况（包含古树苗木）等；查阅当地的人文资料，如历史沿革、历史人物资料、县志、庙志、典故、民间传说或神话等；了解设计范围、设计面积、设计意图、设计风格、造价档次、解决的关键问题和工期等。

2.读图

（1）识读该项目的方位、面积、比例、边界、竖向山水、入口、道路系统、建筑及绿地等。

（2）识读建筑风格，了解建筑结构、建筑材料及建筑门、窗位置。

（3）识读总平面图上所标注的各种图例，依据比例与边界计算设计绿地的总面积。

3.场地调研与分析

（1）基地调查。现场调查设计场地，获取场地信息，基地调查的主要内容有：基地边界范围、等高线或高程点、气象资料（温度、降雨、光照、风向等）、污染（污染物种类、污染源、强度、变化）、地形地貌、土壤（种类、肥力、结构等）、水体、现状植物（主要种类、乡土植物等）、建筑（位置、体量、风格、门窗位置）、道路系统（包括各级道路、停车场等）、管线（通讯线、电缆线、地下管道、排水沟渠）、市政设施（消防栓、路灯）等，踏勘时要注意反复地避开、远离、接近场地的各种边界，以便发现不同的运动边界（图4-5）。

（2）基地分析。如图4-6所示，基地专项分析可从气候、地形（高程、坡向、坡度）、土壤、植被、生态敏感性、空间视觉等方面开展，明确设计的有利与不利因素，构建基地的总体特征印象。现状分析图主要是利用特殊的符号将收集到的资料以及现场调查的资料标注在基地底图上，然后进行综合分析和评价。

4.植物景观功能图解

这个步骤是指设计师根据前期研究的结论与意见采用图示的方式在基地图

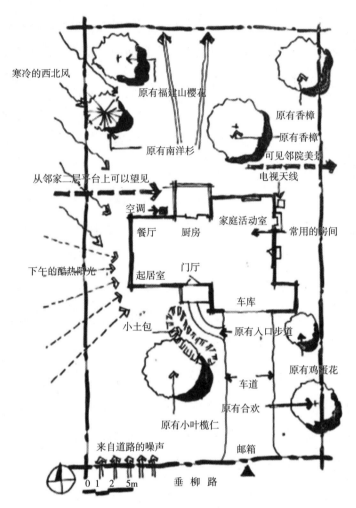

寒冷的西北风

原有福建山樱花

原有香樟

原有香樟

可见邻院美景

电视天线

从邻家二层平台上可以望见

原有南洋杉

空调

家庭活动室

常用的房间

餐厅　厨房

下午的酷热阳光

起居室　门厅

车库

小土包

原有入口步道

原有鸡蛋花

车道

原有合欢

原有小叶榄仁

来自道路的噪声

邮箱

0 1 2 5m　垂柳路

图4-5　基地现状调查结果图（学生抄绘）

纸上进行植物景观设计的可行性研究。常常采用泡泡图或功能分区图进行植物景观功能图解，即利用圆圈或抽象的图形符号在图面上表达园林植物的主要功能和空间关系。泡泡图上的图形符号只是以图解的方式表达设计师的初步构思，不具有尺度和比例。如图4-7所示，该图为某别墅庭院的植物功能图解图，图上只标注植物在合适位置的功能，如障景、分割空间、庇荫、视线焦点及植物功能空间的相对面积大小等问题。

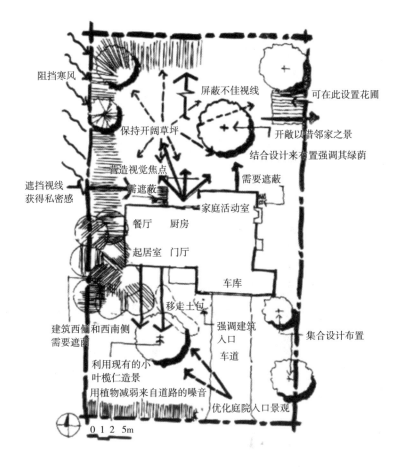

图4-6　基地现状分析图（学生抄绘）

5.植物景观设计构想

（1）种植初步方案。在这一步骤，设计师针对各个功能区域内部进行详细设计，具体做法是把各个功能区域划分成若干个不同的区域，根据各个区域内植被的种类、栽植方式、规模、位置等加以分析与判断。如图4-8所示，在植物功能图解的基础上，详细划分各个功能区域，明确植物的基本要求。具体包括如下步骤：①在功能图解基础上，进一步详细划分种植区域，同时注重相邻种植区域之间的过渡与联系；②确定种植区域的植物类型，如常绿植物或落叶植物等类型，如乔木、灌木、地被、花卉等类型，还不需要确定具体选用什

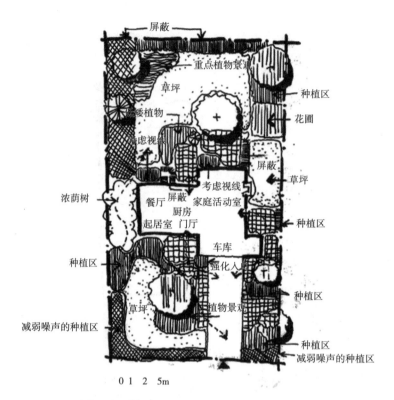

图4-7 某别墅庭院植物景观（学生抄绘）

么植物；③用概括的方式进行抽象的比较与分析植物的组合类型，进行空间视
线分析，确定植物的层次组合与空间过渡关系；④分析植物的色彩和质地，确
定植物景观的总体视觉效果。

（2）植物选择。首先，植物选择要根据基地的自然条件（如土壤、光
照、水分等）进行，植物的生态习性要适应基地生境。其次，还要从植物各个
方面的功能需求进行考虑，如遮阴的植物不仅要选用观赏价值高的高大乔木，
还要充分考虑其作为空间的视觉焦点。再次，园林植物最好以乡土植物种类为
主进行选择，有时还可选择那些已被证明能适应本地生长条件、长势良好的外
来或引进的植物种类。最后，植物选择时还要兼顾苗木的来源、规格和价格等
因素。此外，植物的选择还要适应项目的风格和环境，营造出富有个性的植物

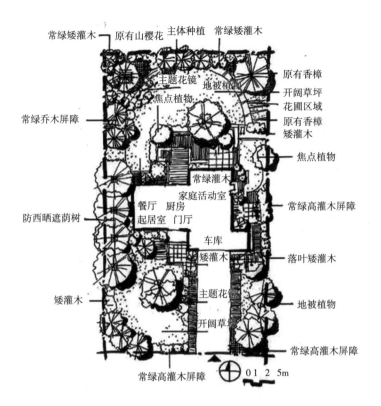

常绿矮灌木　原有山樱花　主体种植　常绿矮灌木

主题花镜
地被植物
焦点植物

原有香樟
开阔草坪
花圃区域
原有香樟
矮灌木

常绿乔木屏障

焦点植物

常绿灌木
家庭活动室
餐厅　厨房
起居室　门厅

防西晒遮荫树

常绿高灌木屏障

车库

落叶矮灌木

矮灌木
主题花镜
开阔草坪

矮灌木

地被植物

常绿高灌木屏障

常绿高灌木屏障　　0 1 2　5m

图4-8　种植初步构思方案（学生抄绘）

种植空间。植物材料的安排主要是确定基调树种即各个景观区的骨干植物，从而使全园既统一又有变化。一般基调树种不宜过多，根据面积大小和功能空间布局确定基调树种的种类，以1—2种或2—3种为宜，但要注意的是，每种树种种植的数量要多，通过数量来体现全园的植物基调。同时还可选择其他多种植物作为丰富和补充，营造既统一，又富有变化和层次的植物景观。

6.植物种植设计

完成植物种植设计构思之后，再去实现设计构想的具体化，即绘制园林植物种植设计方案图（图4-9）。种植设计图体现的是植物成年后的景观模式，故绘制植物种植设计图要求设计者要准确地把握乔、灌木成年期的冠幅，非常了解所选植物的观赏特性和生态习性。

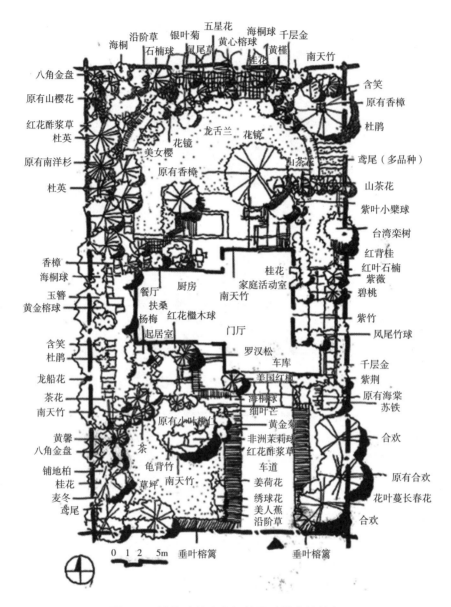

图4-9 植物种植方案设计图（学生抄绘）

（1）植物冠幅的确定。园林种植设计图常常采用1：50—1：500的比例，以成年树树冠的75%—100%绘制乔灌木的冠幅。绘制成年树冠幅常常采用以下几种规格：

乔木：小乔木3—5m，中乔木6—8m，大乔木8—12m。

灌木：小灌木0.3—1.0m，中灌木1—2.5m，大灌木3—4m。

（2）植物布局要点。

第一，整体着眼。植物景观设计图要遵循整体到局部、一般到特殊的原则。布局要协调，规则式种植一般布置于入口、广场、主干道两侧；自然式种植一般布置于自然山体、水体、小品旁。基调树主要布置于路网、水系、边界及各景区内，配置要疏密有致。同时要考虑植物季相变化，忌全园均匀配置四季景观，要做到春花烂漫、夏绿浓阴、秋华冬干。全园植物比例要控制合理，常绿树与落叶树之比华北为1：3—1：4、长江中下游为1：1—1：2、华南为3：1—4：1；乔木与灌木比例为1：1—1：2（1：3）；草坪面积不超过20%。

第二，局部着眼。按分区立意营造植物景观，植物景观类型有树群、孤植树、树丛、缀花草地、空旷草坪等。精心安排视线焦点景物，做到步移景异，"你中有我，我中有你"；视线焦点景物一般安排于入口、边界、边角、建筑基部和节点（道路节点、景观节点）等位置。园林植物平面布局的注意点有：植物组群的布局，单体植物与植物之间要有轻微的重叠；单体植物的组合，建议以奇数组合（如3株、5株、7株植物的组合），每个组合的植物数量不宜太多；植物组群之间的配置尽量消除其空隙或"废空间"，与单体植物的配置一样，视觉上相互衔接。

四、实训内容

由教师介绍实训知识点，并举例说明分析园林植物景观设计的案例。

根据教师给定的方案平面图，结合设计意图、当地气候、土壤及水分特点情况进行植物选择，绘制植物种植设计总平图、立面图、剖面图和局部效果图。

五、实训要求

植物种植设计图绘制图线应恰当，图样要符合标准要求。

苗木统计表要列出植物的序号、植物名称、拉丁名、规格和数量等。

绘制局部重要节点的园林植物配置的立面图或透视效果图（选做）。

园林植物种植的设计说明要着重阐述园林植物景观效果，与土壤、气候等条件的适应情况，观点正确，条理清晰。

六、实训步骤

识读如图4-10所示的某楼盘样板区总平面图。

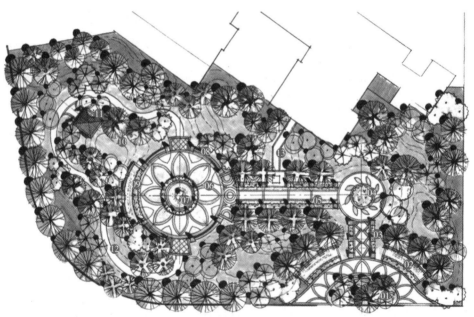

①主入口组团式绿岛　　⑤凯丽大道　　　　　　⑨通透式景墙跌水
⑫特色雕塑水景　　　　⑥特拉法尔加喷泉广场　⑩圣詹姆斯公园
⑬阵列式花钵　　　　　⑦雕塑水景　　　　　　⑪薇香亭
④圆形花坛平台　　　　⑧廊式灯柱　　　　　　⑫游步道

图4-10　楼盘样板区总平面图（香港阿特贝尔景观有限公司）

根据设计意图，结合园林景观方案进行园林植物配置。

绘制植物种植设计图，编制苗木统计表。

绘制局部重要节点的园林植物配置的立面图或透视效果图（选做）。

植物种植设计说明应结合园林整体景观和设计地点的气候、土壤等特点进行阐述，字数200字左右。

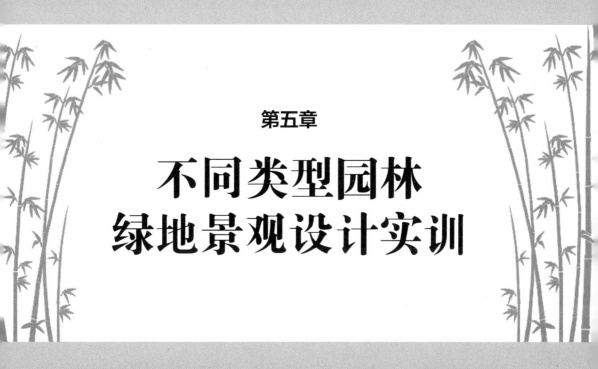

第五章

不同类型园林绿地景观设计实训

第一节　城市道路景观设计实训

实训十　城市道路景观设计实训

实训学时：6—12学时

教学方式：讲授、实践

实训类型：必修

道路绿地是城市绿地系统中最为普遍的一类绿地类型，包括道路绿带、交通岛绿地、广场绿地和停车场绿地等。道路绿地断面布置形式有一板两带、两板三带、三板四带以及四板五带式等。

一、实训目的

掌握道路绿地景观设计的基本理论、技能和方法，灵活运用这些知识到道路绿地设计实践中去。

以立德树人、以德铸魂、以文化人等为引领，围绕深入学习贯彻习近平新时代中国特色社会主义思想和党的二十大精神，培养学生对道路绿地景观的综合分析、解决问题的能力，学会从功能、技术、形式、环境诸方面综合考虑道路绿地景观设计，并能正确表达和表现设计内容。

二、实训材料及工具

现有的图纸及文字资料、计算机、绘图桌、绘图纸、丁字尺、针管笔、绘图笔、彩铅或马克笔等。

三、实训知识点

（一）城市道路绿地规划设计原则

城市道路绿地规划设计的功能有组织交通、卫生防护、降尘防噪、美化市容、散步休息、生产和防灾等作用。城市道路绿地规划设计原则如下：

适应城市道路的性质和功能原则。

遵循《城市道路绿化规划与设计规范》（2017年版）与《城市绿化管理条例》原则。

以人为本原则，符合使用者的特点。

艺术性原则，营造具有丰富季相变化的流动性景观。

生态性原则，尽量选用乡土树种，选择适地适生的植物，营造地域特色景观。

设计要结合社会现有的养护能力。

（二）城市道路绿地规划设计

道路绿地包括道路绿带（行道路绿地、分车绿带和路测绿带）、广场和停车场绿地、交通岛（转盘）、街头休息绿地等。

1.行道路绿地设计

行道路绿地指的是从车行道与人行道之间种植行道树的绿带，一般采用两侧对称列植的方式，可为行人庇荫，美化街景。它的设计要点如下：

（1）选择合适的种植形式。

第一，在交通量大、行人多、人行道又窄的路段采用树池式种植形式，常见树池形式有正方形树池（1.5m×1.5m）、长方形树池（1.2m×2m）、圆形树池（直径不小于1.5m）。

第二，在交通量小、行人少、人行道较宽的路段采用树带式种植形式，可种植乔木，也可种植灌木地被。宽度一般大于1.5m，常常在人行横道、人流比较集中的地段留出铺装通道，以便疏通人流。

（2）选择合适的行道树树种，尤其注意枝下高要高于2.5米，如果两侧有高大建筑，最好选择耐阴性乔木。

（3）确定种植间距。种植间距一定要遵守相关的技术规范，如与其他建筑物、构筑物和城市基础设施的间距。不仅要考虑树种成年冠幅，还要考虑其生长速度，行道树种植距离一般为4~8m，常常采用的株距有5m、6m等；树干中心至路缘石外侧距离不可小于0.75m。

（4）确定树池或树带的尺寸。

2.分车绿带的设计

分车绿带指的是车行道之间可以绿化的分隔带，包含中间分车绿带和两侧分车绿带。中间分车绿带指的是位于上下机动车道之间的分隔带；两侧分车绿带指的是位于机动车与非机动车道之间的分隔带，或同方向机动车道之间的分隔带。为了不阻碍司机及行人的视线，满足交通安全的要求，分车绿带如果比较窄，一般仅种低矮的灌木及草坪或枝下高较高的乔木。在道路交叉口、道路尽头、车辆拐弯处及人行横道上，只能种植草坪、花卉及低矮灌木，不能种植妨碍视线的乔灌木。中间分车绿地种植0.6—1.5m高的枝叶茂密的常绿灌木或绿篱，能有效阻挡夜间相向而行的车辆眩光。它的设计要点如下：

（1）确定分车绿带宽度（建议中央分车绿地不小于3m，边缘分车绿带不小于1.5m）。

（2）选择分车绿带的种植形式（开敞或封闭）。

（3）确定分车绿带的图案和韵律变化。

（4）确定植物种类。

3.路侧绿带

路侧绿带指的是人行道边缘至道路红线之间的绿带。路侧绿带常常结合建筑基础绿地，种植低矮的灌木和地被植物。宽度大于8m的路侧绿带，一般设计成开放式景观。

4.交通岛绿地设计

交通岛（转盘）一般多设在流量大的主干道路交叉口，或具有大量非机动车交通、行人众多的道路交叉口，具有组织环形交通、装饰道路、约束车道和限制车速的功能。根据功能交通岛可分为方向岛、中心岛、安全岛。交通岛绿地一般设计为圆形，最小直径不宜小于20m，直径在40—60m。

交通岛（转盘）要保持视线通透，不能种植高大的乔木，一般种植低矮的灌木、花卉和草坪植物。交通岛（转盘）常常设计成以嵌花草皮花坛为主的图案花坛，或以低矮的常绿灌木组成简单的图案花坛，不设计成休闲小游园。

5.街道小游园的规划设计

街道小游园又称为街头休息绿地、街道花园，指的是在城市道路旁供人们短时间休息用的小型公共绿地。它的设计要点如下：

（1）街道小游园宽度如果小于8m，设计一条游步道；如果大于8m，可以设置两条游步道。

（2）种植高大乔木遮挡机动车。

（3）每隔75—100m设置出入口连接。

（4）各段应设计成不同的形式。

（5）较宽时可用自然式，否则用规则式。

6.花园林荫路的设计

花园林荫路指的是具有一定宽度和游憩设施的带状绿地，可起到小游园的作用。利用植物与车行道隔开形成林荫路，在林荫路内部不同地段布置多种游憩场地，布置一些简单的园林设施，供人短时间休息。花园林荫路增加了城市绿地面积，扩大了群众活动场地，丰富城市街景，优化城市绿地布局。

四、实训内容

教师讲解道路绿地的知识点，举例分析优秀的道路绿地设计案例

学生运用所学知识综合分析设计，绘制出当地四板五带式城市道路绿地的相关图纸（分析图、平面图、立面图或剖面图、效果图等）。

五、实训要求

根据道路绿地的周边环境、现状条件、性质、功能、场地形状和大小，将道路设计成四板五带式。

设计时要注意与周围环境协调统一，符合安全性要求，满足景观要求、功能要求，同时要求立意新颖。

路侧绿带设计成小游园，居住区、酒店处和学校等要开设入口，入口处景观要区别于小游园入口处。

道路景观要体现地方特色。植物选择以乡土树种为主，要有季相变化，注意色彩、层次变化。

按要求绘制道路绿地规划设计平面图、立面图（或断面图）和效果图。

图纸符合制图规范，图面构图合理，图上要有指北针、比例、图例、设计说明、文字和尺寸标注、图幅等要素。

六、实训步骤

选择2—3个当地具有代表性的城市道路绿地进行调研。

分组收集相关资料和实地调查、记载，每组3—4人。

整理、汇报城市道路绿地设计的调查报告，分析城市道路绿地设计风格和特点。

选择当地四板五带式城市道路绿地进行设计。

现场考察测量，绘制现状图。

确定设计方案，绘制草图。

通过沟通，征求意见，修改定稿，绘制设计图，包括平面图、立面图（或剖面图）和效果图。

编制设计说明书，主要内容包含设计依据、设计原则、设计理念和成果等。

七、优秀参考案例

本案例为优秀设计作品，如图5-1~图5-9所示。

设计说明：步道线性以跳动的绿脉为主题，漫步其中，人移景动。折线串联异形广场节点和供游人休闲的节点，并设置相应的公共配套设施。

图5-1　某道路景观设计总平面图（漳州市城市规划设计研究院）

城市绿道作为胜利西路绿地系统的骨架，园内步道与城市绿道局部连接，形成通畅的步道系统，选取主要道路交叉口与镇政府为城市道路主要的展示节点，以九个小休闲节点贯穿其中。

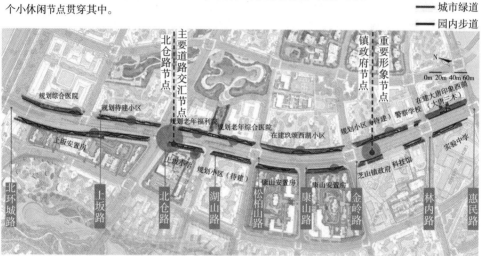

图5-2　某道路景观节点分析（漳州市城市规划设计研究院）

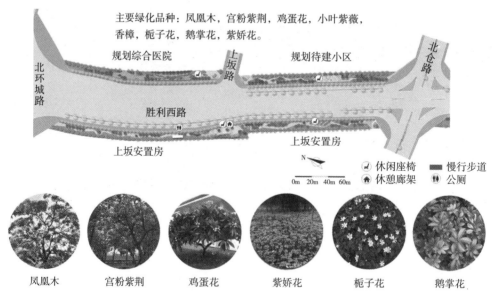

图5-3　某道路景观区段一平面图（漳州市城市规划设计研究院）

图5-4 某道路景观区段一效果图（漳州市城市规划设计研究院）

主要绿化品种：朴树，栀子花，凤凰木，秋枫，宫粉紫荆，
杨梅，芭蕉，三角梅，扶桑球，毛杜鹃，矮蒲苇，鹅掌柴。

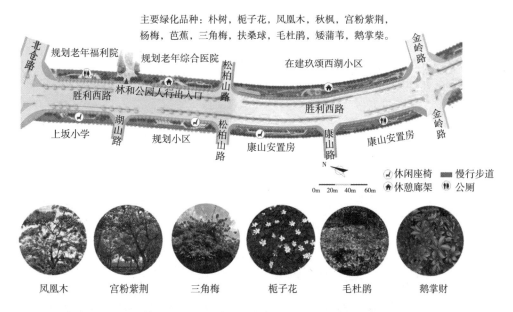

凤凰木　　宫粉紫荆　　三角梅　　栀子花　　毛杜鹃　　鹅掌财

图5-5 某道路景观区段二平面图（漳州市城市规划设计研究院）

图5-6 某道路景观区段二效果图（漳州市城市规划设计研究院）

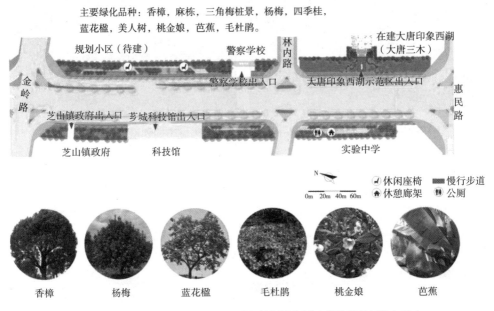

主要绿化品种：香樟，麻栋，三角梅桩景，杨梅，四季桂，
蓝花楹，美人树，桃金娘，芭蕉，毛杜鹃。

香樟　　　杨梅　　　蓝花楹　　　毛杜鹃　　　桃金娘　　　芭蕉

图5-7　某道路景观区段三平面图（漳州市城市规划设计研究院）

图5-8　某道路景观区段三效果图（漳州市城市规划设计研究院）

图5-9　某街道小游园景观设计图（漳州市城市规划设计研究院）

第二节 广场景观设计实训

实训十一 广场景观设计实训

实训学时：6—12学时

教学方式：讲授、实践

实训类型：必修

广场指的是最具公共性、最具活力、最具艺术性、最能体现文化和文明的开放空间。按性质可将广场分为市政广场、交通广场、纪念广场、商业广场和休闲娱乐广场等。

一、实训目的

掌握广场景观设计的基本理论、技能和方法。

培养学生对广场景观的综合分析、解决问题的能力。

以立德树人、以德铸魂、以文化人等为引领，围绕深入学习贯彻习近平新时代中国特色社会主义思想和党的二十大精神，培养学生综合运用所学的广场景观知识进行广场景观设计。

二、实训材料及工具

现有的图纸及文字资料、计算机、绘图桌、绘图纸、针管笔、绘图笔、彩铅或马克笔等。

三、实训知识点

城市广场作为城市开放空间体系的一种重要组成形态，可满足人们交往、娱乐、休闲和集会等各种社会生活需求，通过建筑、道路、地形、山水等围合的户外公共活动空间。城市广场不仅能深层表现城市社会、经济、文化和环境，也是各种功能活动的载体。城市广场作为城市的形象，不仅能体现城市风貌，而且能体现城市文化内涵和景观特色，具有较强的内聚力和吸引力，能进一步完善城市的服务功能。

（一）城市广场的类型

按广场的功能性质可分为市政广场、交通广场、纪念广场、文化广场、古迹广场、休闲广场、宗教广场和商业广场。

按广场的平面组合可分为单一广场和复合广场。

按广场的剖面形式可分为平面型广场和立体型广场。

（二）广场景观的基本特点

性质上的公共性。

功能复合性。

空间多样性。

文化休闲性。

（三）城市广场的设计原则

以人为本。

系统性。

继承与创新的文化原则。

可持续发展的生态原则。

突出个性特色创造的原则。

重视公众参与原则。

（四）广场景观设计

1.布局

广场的布局要有全局性，广场实质空间形态的各个因素都要预想和综合考虑，协调处理其功能和艺术处理与城市规划等多个因素关系，作为一个有机的整体进行总体设计。

2.广场构思

广场景观设计要协调处理各种关系，如广场空间尺度感、形体结构、色彩、交通与周围关系，设计构思要从外界因素（当地的城市规划要求、周围环境、历史、文化背景、基地条件等）和内在因素（使用的功能性、艺术性、经济性以及可持续性等）两方面考虑，把客观存在的"境"与主观构思的"意"相结合，追求广场设计构思的独创性。

3.广场的功能设计

广场的功能多样化、多元化，主要是为满足人们习惯、爱好、心理和生理等需求。

（1）广场的功能分区。根据人们的需求进行功能分析，结合城市文化、广场空间形态和前期构思等进行广场功能分区。

（2）广场的流线设计。根据人的行为习惯安排合理的交通流线，使整个交通更方便、简捷。

4.广场的艺术处理

广场有着使用与审美的双重功能。但按照各种广场属性的特点，它们的双重功能表现得是不平衡的。广场艺术设计不仅是广场的审美问题，而且体现广场的社会精神面貌，也体现了一定的城市在特定发展阶段的历史传统积淀。

（1）广场的造型。优秀的广场艺术设计，要有良好的比例和适宜的尺度，要有较完善的总体布局，还要协调处理材料、色彩和建造技术之间关系，综合考虑平面布置、空间组合和细节设计，从而营造出既有统一又有特色的艺术个性广场。

（2）广场的性格。广场的性格由广场的性质和内容决定，广场形象基本特征很大程度上取决于广场的功能要求，广场的形象特征通过广场形式有意识地表现。

5.广场的特色设计

广场设计成功与否的重要标志是广场的特色，广场特色具有民族性、时代性、地方性。广场常常运用新技术、新工艺、新材料、新的艺术手法、新的设计理念进行特色设计，追求新的时代创意，营造出具有时代特征的广场。

6.广场的设计手法

（1）轴线控制手法：轴线有支配广场全局的作用，是不可见的虚存线，依据轴线对称关系，按照一定规则和视觉要求进行广场空间要素设计，营造出具条理性的广场空间组合。

（2）母题设计手法：最为普遍的广场形式设计手法是母题设计手法。母题基本形常常采用一个或两个基本形进行排列组合、变化，营造出统一整体的广场形式。

（3）特异变换手法：不同的局部的造型、组合方式的变异、变换加入一定的广场形式、结构以及相关的要素中，营造出丰富、灵活和新奇的广场。

（4）隐喻、象征手法：重新提炼处理当地的传说和历史流传典故的某些形态要素，与广场形式有机融合，用隐喻、象征手法体现传统文化意境，引发人们视觉的、心理上的联想。

四、实训内容

教师讲解广场设计的知识点，举例分析优秀的广场设计案例（图5-10）。

教师给出某市民广场场地现状图。学生运用所学知识综合分析设计，绘制出广场景观设计的相关图纸（平面图、分析图、主要节点的立面图或剖面图、鸟瞰图或局部效果图等）。

五、实训要求

分析周围交通情况，合理组织广场内交通。

图5-10　911纪念广场（漳州市城市规划设计研究院）

考虑人们的行为习惯，满足人们的需求。

考虑周围的环境对场地的影响。

体现广场的文化。

考虑声光热在景观设计中的应用和表达。

六、实训步骤

对给定广场的地形地貌与现有景观情况进行分析。

确定广场的性质，进行功能分区、交通组织和景观结构分析。

进行总体布局，进行平面草图绘制。

教师评图，学生修改，绘制分析图、平面正图、立面或剖面图以及景观效果图。

编制设计说明书，主要内容包括设计依据、设计原则、设计理念和成果等。

七、优秀参考案例

（一）总平面图（图5-11）

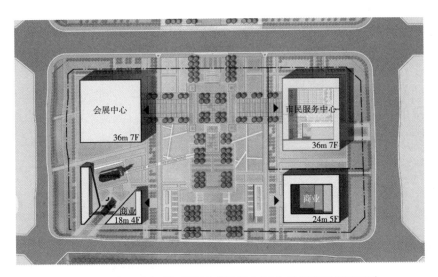

图5-11　市民广场总平面图（漳州市城市规划设计研究院）

（二）交通分析图（图5-12）

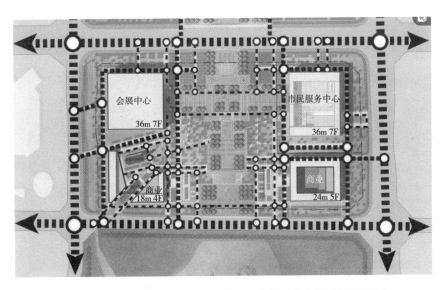

图5-12　市民广场交通分析图（漳州市城市规划设计研究院）

（三）平面分析图（图5-13）

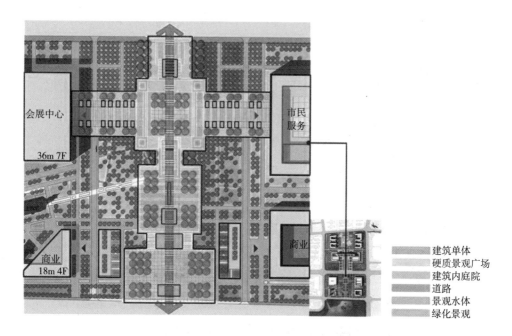

图5-13　市民广场平面分析图（漳州市城市规划设计研究院）

（四）景观效果图（图5-14）

图5-14　市民广场景观效果图（漳州市城市规划设计研究院）

第三节　屋顶花园景观设计实训

实训十二　屋顶花园景观设计实训

实训学时：6—12学时

教学方式：讲授、实践

实训类型：必修

屋顶花园指的是在各类建筑物的顶部（包括楼顶、屋顶、阳台或露台）选择小型乔木、低矮灌木、地被和草坪植物进行植物配置，建造园路、园林小品和休闲设施等，满足人们游览和休憩活动空间的复杂绿化。

一、实训目的

掌握屋顶花园景观设计的基本理论、技能和方法。

培养学生对屋顶花园景观的综合分析、解决问题的能力，学会从功能、技术、形式、环境诸方面综合考虑屋顶花园景观设计，并能正确表达和表现设计内容。

以立德树人、以德铸魂、以文化人等为引领，围绕深入学习贯彻习近平新时代中国特色社会主义思想和党的二十大精神，培养学生综合运用所学的屋顶花园景观知识进行屋顶花园景观设计。

二、实训材料及工具

现有的图纸及文字资料、计算机、绘图桌、二号绘图纸、丁字尺、针管笔、绘图笔、彩铅或马克笔等。

三、实训知识点

（一）屋顶花园的环境特点

屋顶花园比地面环境条件恶劣，温度高于地面，空气湿度低于地面，风力通常要比地面大得多，种植土较薄，但空气较通畅，污染较少。

屋顶花园的日照时间比地面长，有利于植物的生长发育。

屋顶花园一般选用根系较浅、低矮、耐瘠薄、耐瘠、抗病虫害、抗性强的植物。

充分考虑屋顶花园顶板的荷载力和防水力。

不仅要满足使用功能、园林美化、绿化效益，还要兼顾安全性和经济性。

（二）屋顶花园规划设计的原则

1.安全科学

建筑物顶部是屋顶园林的载体，屋顶花园规划设计时需要考虑建筑物的使用安全，如屋顶结构的安全承重、屋顶防水构造的安全和屋顶四周防护栏杆的安全等。屋顶花园环境较恶劣，采用新技术和运用新材料进行营造。

2.经济实用

城市规划者、建设者、管理者追求的最终目标是如何合理、经济地利用城市空间环境。屋顶园林不仅要满足不同的使用要求，还要考虑经济实用，从而体现良好的生态效益和经济效益。

3.精致美观

考虑协调主体建筑物及周围大环境的关系，配置有比拟、寓意的园林植物，仔细推敲园路、主景、建筑小品等位置和尺度，营造出独特新颖的、精致美观的屋顶花园。

4.注意系统性

屋顶花园的规划设计要克服任意性，要有系统性。例如，植物配置遵循艺术性和生态性原则，植物选择要兼顾观赏性、抗逆性、抗污染性等；主要采用复层配置模式，提高叶面积指数，打造一个良好的环境。

（三）屋顶花园景观要素的设计

1.水体设计

水是园林构图的重要组成部分，是绿化中不可缺少的要素。屋顶花园可以考虑设计水体，但需考虑屋顶荷载力。

（1）水景形式选择：①浅水池，可设计成自然式或规则式；②水生植物池，可种荷花、旱伞草、千屈菜、狐尾藻等；③观鱼池，可养锦鲤、金鱼及普通鱼类等供观赏；④石涧、旱涧，一种带状水体，注意宽窄要有变化，蜿蜒曲折；⑤碧泉、管泉，小潜水循环供水，兼作水池水源；⑥小型喷泉，半球泉、喷雾泉、牵牛花泉、鱼尾泉等。

（2）水景布置：①一般作主景用；②宜在中心点或转角处；③水深30—50cm；④应循环供水；⑤宜多种水景结合。

2.山石景设计

（1）特置石景：作主景观赏用，与游览视线相对，布置于屋顶居中或转角处的台基上。

（2）散点石景：于草坪上、水池边、旱涧内的石景散置、群置或聚散布置。

（3）瀑布山石壁：布置于转角处或楼梯间转角处，用山石作瀑布壁。

（4）塑假石山：较大的假山常常采用塑石，作工具房、储藏室之用。

（5）山石盆景：以大中型山石盆景为主。

3.小品建筑布置

（1）亭常常布置于小路端头、女儿墙转角处，忌居中布置。体量宜小不宜大，常常采用半亭或1/4亭，板式亭基础。

（2）廊与花架常常布置于靠女儿墙边或局部空间，忌居中分隔，一般采用轻质材料。

（3）景墙：要做矮墙，不可作高墙，常设计为博古隔断墙或镂空的花格墙，小型盆景或盆栽可在墙上陈列，主要作造景用或分隔空间。

（4）景门：一般布置于屋顶小路路口，造型要新颖优美。

4.植物配置

（1）乔灌木的丛植、孤植：乔灌木不仅是园林艺术构图的元素，而且在改善环境和美化环境中具有主要作用。屋顶园林中的主体是乔灌木，常采用丛植、孤植的种植形式，不同于大地景观植物群体美。乔灌木的丛植通过乔灌木高矮错落的配置，利用乔灌木季相变化、形态变化和造型变化，表达特殊意境。孤植指的是将优美姿态、观赏性强的小乔木或灌木独自种植在视线交点处。

（2）花坛、花台设计：在屋顶花园有微地形变化的自由种植区常常布置花坛、花台。花坛的形式多种多样，有方形、圆形、长方形、菱形、梅花形等多种形式。花坛可单独布置，也可连续带状布置或成群布置。屋顶花园花坛常常选择低矮、株型紧凑、花期较长、开花繁茂、色彩丰富的花卉，如三色堇、一串红、鸡冠花、矮牵牛、孔雀草、金盏菊、美女樱、四季海棠、金鱼草等，色彩要鲜艳，轮廓要整齐。花台基座高于花坛，一般面积较小，常将花卉栽植于基座上，有时将花台设计成"盆景式"，配植山石、杜鹃、南天竹、牡丹等。

（3）花境及草坪：花境在屋顶花园也经常配置，常采用矮墙、建筑小品、树丛或绿篱等作为背景。花境主要以多年生花卉为主，呈带状自然式栽种，边缘可设计成直线或自然曲线。草坪点缀种植于丛植、孤植乔灌木的屋面，或以"见缝插绿"形式铺设，营造屋顶"生物地毯"。

（4）其他配景：屋顶花园的绿化还常常沿建筑物屋顶周边或点线地分散布置花盆、花桶、山石等配景，如1至2块特殊造型的奇石等常常布置于曲径、较高的植株下和草地边，突出刚柔并济的内涵，增强园林景观气氛和效果。

5.其他景物及设施设计

（1）雕塑：常用不锈钢进行雕塑设计，宜小不宜大，可布置为主景。

（2）灯具：常用石灯、草坪灯来丰富景观和渲染情调。

（3）树桩盆景：常布置于基座或女儿墙顶，作点缀景物之用。

（4）桌凳：于屋顶边角成套配置陶瓷桌凳或石桌凳。

（5）园椅：分散布置于主道边，但不要影响人们游览。

（四）屋顶花园景观设计技术问题

屋顶花园是一种特殊的园林形式，依托于建筑物顶部平台，在其上进行蓄水、覆土，创造园林景观的一种空间绿化造景方式。故屋顶园林的设计与施工要处理好下面一些特殊技术问题：

1.减少荷载问题

荷载不仅是屋顶单位面积上承受重量的衡量指标，而且也是建筑物安全及屋顶园林建造的保障，故屋顶花园荷载问题是屋顶花园的首要关键问题。减少屋顶荷载可从两方面入手：一方面可从减轻屋顶花园种植植物的自重入手，尽量少用大乔木，选用一些低矮的植物，若要种植大乔大，应在承重柱和主墙所在的位置上种植；另一方面可从减轻屋顶结构自重和屋顶结构自防水问题入手，采用轻基质材料（木屑、蛭石、珍珠岩和泥炭土等）减轻种植基质荷载，少布置景观小品，选用轻质材料制作的景观小品，亭、廊、假山、花坛、水池等较重的构筑物布置在承重结构或跨度较小的位置上。

2.防水设施及排水系统

屋顶花园不仅要考虑荷载问题，还要考虑排水防水问题。屋顶花园既要做到排水通畅，又要保证屋顶不会漏水，做好防水措施。故防水层的处理是屋顶花园的关键技术。采用复合防水设施进行防水层处理，设置两道防线（涂膜防水层和配筋细石砼刚性防水层）。排水系统合理完善，定期做好清洁工作。

3.路径建设

屋顶花园路径建设要合理，路径宽度一般采用50—70cm，路基可用6cm宽的砖砌成，每隔1.5m左右设置贴地暗孔道（宽7—8cm）。为营造出古朴景观风情，路基常常采用水泥砂浆和鹅卵石铺贴。有时也常常用假山石将屋顶面的落水管、排水管包藏起来，或用雕塑手法将其隐裹塑成树干等。

4.种植层

种植土一般选择来源方便、价格便宜、重量轻、营养适中、通风排水性能好、持水量大、清洁无毒的材料。例如，泥炭土、微生物有机肥、珍珠岩按6∶3∶1比例配置组合，黄泥、泥炭土、珍珠岩人工按体积比6∶2∶2配制组合。

四、实训内容

教师讲解屋顶花园景观设计的知识点，举例分析国内外优秀的屋顶花园景观案例。

教师给出某屋顶花园现状图。学生运用所学知识综合分析设计，绘制出屋顶花园景观设计的相关图纸（分析图、平面图、立面图或剖面图、效果图、植物景观设计图等）。

五、实训要求

（一）设计要求

根据屋顶的环境特点进行景观要素的布局。

考虑供人休息的场地。

考虑水景景观。

注意屋顶环境的植物选择。

（二）图纸要求

分析图若干。

总平面图（包含景点）。

主要节点的立面图或剖面图，在平面图上标示剖切的位置。

全景鸟瞰或局部景观效果。

景观节点或小品详图（选做）。

六、实训步骤

分析屋顶花园优秀作品。

分析给定的屋顶花园环境特点，确定景观功能。

根据功能需求进行景观结构布局、交通组织和景点布置。

绘制草图。

教师对学生初步设计方案进行分析、指导。

学生修改、完善设计方案，绘制分析图、平面正图、立面图或剖面图及景观效果图。

编制设计说明书，主要内容包含设计依据、设计原则、设计理念和成果等。

七、优秀学生作品（图5-15—图5-19）

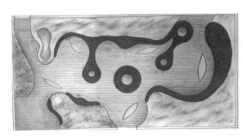

图5-15　学生作品一

图5-16　学生作品二

图5-17 学生作品三

图5-18 学生作品四

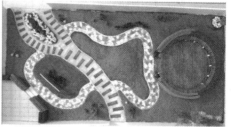

图5-19 学生作品五

第四节 庭院景观设计实训

实训十三 庭院景观设计实训

实训学时：6—12学时

教学方式：讲授、实践

实训类型：必修

庭院作为室内环境在空间上的向外、向非封闭空间的延伸，形成与人关系密切的由建筑等实体围合成的室外环境，是构成整个环境系统中最基本，也是最小的第一层次的室外环境单元。作为居者和广阔外部环境进行融合与过渡的典型空间形式，庭院由早期形成的实体围合的单元环境，演变为如今设计环境格局的典型范本。庭院景观可设计成自然式、规则式、混合式等。

一、实训目的

掌握庭院景观设计的基本理论、技能和方法，灵活运用这些知识到庭院景观设计实践中。

培养学生对庭院景观的综合分析、解决问题的能力，学会从功能、技术、形式、环境诸方面综合考虑庭院景观设计。

以立德树人、以德铸魂、以文化人等为引领，围绕深入学习贯彻习近平新时代中国特色社会主义思想和党的二十大精神，培养学生综合运用所学的庭院景观知识进行屋顶花园景观设计。

二、实训材料及工具

现有的图纸及文字资料、绘图桌、绘图纸、计算机、丁字尺、针管笔、绘图笔、彩铅或马克笔等。

三、实训知识点

（一）庭院的类型

1.庭院按使用者可分为以下几种类型。

（1）私家庭院：服务对象主要为家庭成员，有明显的边缘界面限定，满足家庭或家族的日常生活、生产需求，空间相对封闭，有较强的私密性。

（2）半公共性庭院：服务对象主要为特定或相对固定的人群，有一定的公共属性，私密性不如私家庭院。

（3）公共性庭院：服务对象主要为公众，可为市民提供放松、休闲、锻炼场所，空间相对开放，私密性不强。

2.庭院按所处环境和功能可分为以下几种类型：

（1）住宅庭院（包括民居、公寓、别墅等）。

（2）办公庭院（包括行政办公、学校、科研、医院等）。

（3）商业性庭院（包括宾馆、商场、酒店等）。

（4）公益性庭院（包括图书馆、体育馆、博物馆等）。

（二）不同庭院景观风格

1.中式庭院

中式庭院受传统哲学和绘画的影响，讲究"虽由人作，宛自天开"的境界，假山、流水、翠竹是中式庭院的必备元素。

2.美式庭院

美式庭院受美国人自然的纯真朴实、充满活力的个性影响，森林、草原、沼泽、溪流、大湖等是美式庭院的理想景观元素，参天大树、草地、灌木、鲜花是美式庭院的必备元素。

3.德式庭院

德式庭院景观简约、清晰观念、几何线形简洁，充满理性主义的色彩；尊重生态环境，根据不同需求功能及逻辑秩序进行宏观规划设计。

4.意式庭院

意式庭院布局一般为规则式，植物常用黄杨或柏树等常绿树，很少用鲜花，重视水的处理，借地形台阶设计成渠道，辅助配置不同形状的喷泉和各种雕像，雕塑、喷泉、台阶、水瀑是其必备元素。

5.法式庭院

法式庭院布局成台地式，受意大利规则式台地造园艺术的影响，常常设置平静的水池、造型树、大量的花卉，水池、喷泉、台阶、雕像是法式庭院的必备元素。

6.英式庭院

英式庭院讲究园林外景物的自然融合，藤架、座椅是英式庭院的必备元素。

7.日式庭院

日式庭院受中国文化的影响,简练而精于细节,石灯、小树是日式庭院的必备元素。

(三)庭院景观的基本特征

庭院的空间体量因功能要求、客观条件和历史成因等因素而规模不一。但庭院无论规模或功用,都具有以下的共性特征:

1.界线分明

庭院的边缘界线清楚,由于封闭性强表现出明确的领域范围。

2.构成方式

庭院具有强烈"领地"意识,常常由人工构筑体(如建筑、照壁、院墙、栅栏)、自然山体、水系、绿化等进行半围合或围合。

3.空间性质

由于庭院界面的边缘相对清晰,庭院空间通常被分为私密空间和半私密空间。

4.功能性质

庭院早期以满足人居要求为出发点,后期由私人庭院发展为单位、机构建制的存在领地。

5.服务对象

不同庭院服务对象不同,有服务少数人群、特殊人群和公众人群等。

(四)庭院景观考虑的因素

1.景观风格

庭院景观风格要与建筑风格统一,如中式别墅要设计成东方园林风格的庭院花园,从而体现中式建筑的底蕴;欧式别墅要设计成欧式风格的庭院花园,体现欧式建筑的底蕴。当然风格搭配也不是一成不变的,如中式别墅也可以设计成日式风格的庭院花园;欧式别墅同样也可以设计成地中海风格的庭院花园，体现着浪漫的欧式风情。

2.家庭人员结构

庭院的布局方式要考虑家庭人员结构，如果家庭成员没有时间打理，在庭院中就简单种些花草。如果家庭人员有老人，可布置一些供老人户外的休闲设施；家庭人员有幼儿，最好布置能放玩具的草坪，配置一些色彩鲜艳的一二年生草花、宿根花卉和球根花卉，不可布置有深水和岩石等危险因素；如果家庭成员喜欢室外烧烤，可以布置一个烧烤平台。

3.考虑庭院的面积

庭院的布局和预算会受到面积的影响，庭院面积不同，造价不同，景观设计也不同。

4.庭院的私密性

庭院如果是敞开式的，可以与社区景观统一协调；如果是围合式的花园，要注意私密性。

5.庭院的朝向

庭院功能的安排和植被的选择都会受庭院的朝向影响。大部分庭院是南向的，庭院功能安排十分丰富，植物的选择比较多；有的庭院面向水系，可布置亲水平台作为赏景功能。

（五）庭院景观设计原则

1.实用性原则

能满足家庭成员或公众日常活动的需求。

2.艺术性原则

能满足景观欣赏的需求。

3.经济性原则

要有良好的庭院小气候环境。

（六）庭院景观设计流程

1.分析庭院场地

庭院场地分析主要有以下几个方面。

（1）收集资料：收集相关资料（气候资料、房产平面图、庭院面积、法律法规等），收集相关图纸（小区总图、住宅平立面图、庭院尺寸图）。

（2）现场踏勘：测量庭院实际尺寸，对图纸尺寸进行核实，并现场核实庭院边界；现场核实住宅各功能空间的布局、关系及尺寸；现场核实建筑立面尺寸、层高、材料及装饰；现场核实建筑的各个门窗、转角位置；现场核实公共设施、给排水口及电表位置；现场调研原有植物的价值及其状况（如定位、种类、大小）；现场调研场地的自然特征，如土壤的状况、风向、地形等相关内容。

（3）周边环境分析：分析庭院周边的气候、环境、交通与视线。分析庭院有利的环境因素，分析灰尘、噪声、灯光等不利的影响因素；分析面山、面湖、观景等开敞有利的视线空间，分析遮蔽或屏障不利的视线空间，如易被俯视、偷窥的场所；分析各个房间与庭院的关系，如房间的光线和朝向、窗户的视线等。

2.调查与分析用户需求

调查的重点内容包括以下几项。

（1）用户基本情况：调查家庭成员的性别、年龄、业余爱好，是过渡住所还是永久居住，以及其家庭成员在庭院内休闲活动的人数、方式和时间，家庭成员是否有养宠物等。

（2）理想中的庭院：了解用户是否有偏好，如植物、材料、铺装、色彩等；了解用户使用方式，如运动方式、休闲、娱乐、户外餐饮、烧烤等；了解庭院围合方式，如围墙、木栅栏、绿篱等。用户是否需要亭廊、平台、假山、水景、游泳池、雕塑、道路、户外家具、灯光照明、植物、草地、健身方式及设施、车库、宠物间、工具间和储藏间等。

（3）活动场地：用户是否需要健身运动场地、儿童活动场地、综合服务空间、园艺空间、其他空间等。

3.选择及确定庭院风格

根据建筑风格和前期调研，确定庭院风格类型。庭院风格主要包括中式、东南亚式、日式、法式、英式、美式、古典式、现代式等。

4.划分庭院功能空间

结合庭院现状，划分庭院功能空间。采用用地分区图、"饼形图""泡泡图"，或其他方法绘制草图，根据人流的初步动线确定庭院各功能空间的大致尺寸和形状，设计出多种不同的庭院功能空间组合方式，从中选择最佳的方案。庭院的功能区，一般可分为私人活动区、公共区、服务区和景观隔离区。

（1）私人活动区：私人活动区也称户外生活区，一般位于侧院或后院较宽敞的区域，外人不得随意进入，与公共视线隔离，是家庭成员放松消遣、休闲娱乐、进餐等活动区域。

（2）公共区：公共区指的是暴露在公众视线之下的区域，一般位于入口前院和部分侧院。

（3）服务区：服务区是日常生活及维护庭院的重要组成部分，为家庭生活服务或庭院园艺服务，一般位于稍偏僻的侧院或后院。

（4）景观隔离区：景观隔离区不仅是庭院内各分区之间的过渡带或隔离区域，也是庭院与外围环境的隔离区域。

5.道路与休闲平台设计

庭院道路通常分为机动车道和园路。机动车道与停车场（库）一般布置于庭院入口处，园路一般分为主园路、次园路、小径、步石等。园路要紧密结合庭院的整体风格、形态、文化品位，其宽度、形态、铺装要精而简。

休闲平台作为集会、休闲放松、室外用餐的场所，可以独立布置，也可以结合道路设置。平台面积大小取决于地形、庭院面积、家庭成员的数量及需求，有时可将平台前的草坪作为休闲之用。

道路及平台的铺装材料讲究自然、质朴、美观、实用，一般采用混凝土、石材、木材、砖块等，便于后期的维护和管理。

6.微地形设计

微地形不仅可以增加庭院围合感、挡风、屏障，还可以提高植物观赏价值。微地形设计要考虑场地中的自然特征和土方的来源。

7.庭院中的植物配置

精美别致的庭院植物配置时要因地制宜合理配置，不仅要考虑植物品种、大小、形状，还要考虑其质感、色彩、季相变化等。入口庭院、庭院景观中心、庭院背景、建筑周边和隔离带等处植物要重点配置。庭院基调树种一般以常绿树为主，种类不可过多，常常选择有一定文化内涵的植物，如玉兰、桂花、石榴、海棠、梅花、兰花、竹子、菊花等。

（1）入口庭院：作为形象窗口的入口庭院常常设计为半公共的焦点景观，植物配置一般选择开花、色叶、有型的灌木或小乔木和多年生花卉地被。入口庭院外部常选择低矮的植物进行配置，如要配置高大乔木，不可正对大门种植。

（2）庭院景观中心：庭院景观中心常常结合景石、雕塑（小品）、景观灯等园林装饰物进行乔灌木、花卉、地被等植物配置，突出庭院的主题、焦点、重点景观。

（3）庭院背景：在不影响相邻庭院光线的前提下，可以适当栽种高大的乔木作为庭院背景，起到遮阴、防风、屏障等作用。

（4）建筑周边：乔木配置于离建筑5m以外的范围，低矮的灌木和花卉配置于靠近建筑2m的范围内，以免影响建筑通风采光。建筑中不理想的、难以处理的角度和线条的地方配置植物，可营造出庭院统一、协调的整体效果。

（5）隔离带：结合围墙、围栏、栅栏等构筑物选择隔离带植物，形成具有一定隔离和屏障的景观。

8.园林装饰小品设计

庭院布置一些具有强烈视觉效果和吸引力的园林装饰小品，如雕塑小品、特殊的灯饰、花坛、花台、花钵、置石及其他艺术品等，可起到画龙点睛的效果。

9.构筑物设计

庭院布置一些装饰、美化庭院的装饰性景墙、围墙、花架、廊架、棚架、栅栏、树篱及其他等构筑物，可起到屏蔽、遮阴、围合或者框景的效果。

10.水景营造

在庭院中布置一些水景，如水池、喷泉、跌水等，可起到增添氛围、增加庭院的空气湿度和改善局部生态环境的作用。

四、实训内容

教师讲解庭院景观设计的知识点，举例分析优秀的庭院景观设计案例。

教师给出某庭院景观现状图。学生运用所学知识综合分析设计，绘制出庭院景观设计的相关图纸（分析图、平面图、立面图或剖面图、效果图、植物景观设计图等）。

五、实训要求

（一）设计要求

安静休闲，风格不限，简洁明快。

要求景观丰富，有活动空间。

有儿童活动空间。

植物景观丰富。

造价30万元左右。

（二）成果要求

设计说明。

现状分析图。

设计分析图。

设计平面图（景点名称）。

功能分析图。

视线分析图。

竖向分析图。

植物配置图。

室外家具分布图（照明）。

注意景观节点的立面、剖面，效果图。

六、实训步骤

认真分析现状图纸，对建筑功能位置以及现状高差进行分析。

区分庭院功能。

认真分析服务对象的特点。

考虑人们的需求。

确定景观风格。

确定概念设计趋向。

确定道路走向。

绘制平面草图。

绘制各类分析图。

确定植物配置（种类）。

七、学生作品（图5-20、图5-21）

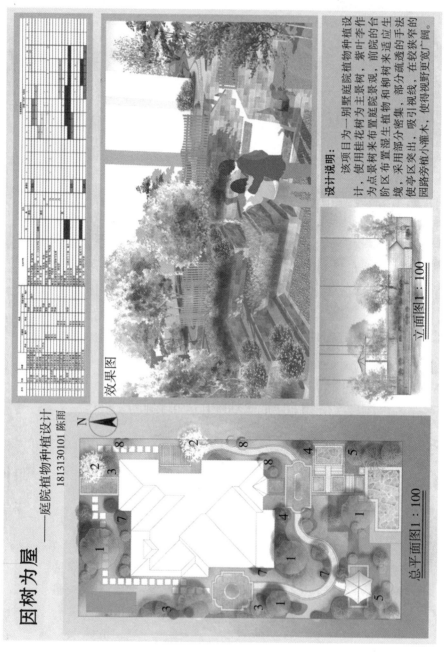

图5-20　别墅庭院景观设计方案（学生作品）

图5-21　校园庭院景观设计方案（学生作品）

第五节 工厂景观设计实训（选做）

实训十四　工厂景观设计实训

实训学时：9—18学时

教学方式：讲授、实践

实训类型：必修

工厂景观反映企业的精神风貌，不仅具有调节气候、美化环境、降低噪声、减少污染和净化空气等功能，还有利于职工消除疲劳、调节神经和提高工作效率。

一、实训目的

掌握工厂景观设计的基本理论、技能和方法，灵活运用这些知识到工厂景观设计实践中。

培养学生对工厂景观的综合分析、解决问题的能力，学会从功能、技术、形式、环境诸方面综合考虑工厂景观设计。

以立德树人、以德铸魂、以文化人等为引领，围绕深入学习贯彻习近平新时代中国特色社会主义思想和党的二十大精神，培养学生综合运用所学的工厂景观知识进行工厂景观设计。

二、实训材料及工具

现有的图纸及文字资料、计算机、绘图桌、绘图纸、针管笔、丁字尺、绘图笔、彩铅或马克笔等。

三、实训知识点

（一）工厂绿地的特征

工厂绿地不同于其他绿地，有一定的特殊性，如环境恶劣、用地紧凑、生产安全和服务对象。工厂性质类型不同对环境影响与要求不同，生产工艺特殊对环境影响与要求也不同。工厂绿地景观不仅具有特殊性，还具有公共性、生态性和科技性等特点。

（二）工厂绿地设计原则

生态性原则。

人性化原则。

特色化原则。

艺术性原则。

（三）工厂绿地的组成

1.厂前区绿地

厂前区不仅是连接城市与工厂的纽带，也是连接职工居住场所与厂区的纽带。一般由主要出入口、门卫收发室、行政办公楼、科学研究楼、中心实验楼、食堂、医疗所等组成。厂前区是全厂的行政、技术、研发中心，其景观面貌主要体现工厂的形象和特色。

2.生产区绿地

生产区是工厂的核心区，是工人活动最频繁的区域。生产区绿地比较零碎、分散，一般在道路两侧或车间周围呈带状和团片状分布，工人身心健康会受到周边环境的直接影响。

3.仓库、露天堆场区绿地

该区是原料、燃料和产品堆放的区域，多为边角地带，景观条件较差，景观设计与生产区基本相同。

4.道路绿地

工厂道路绿地植物选择不仅要考虑工厂的自身特点和需求，还要考虑工厂内车辆、零部件运输的方便性。

5.绿化美化地段

工厂绿化美化地段包含工厂防护林带、小游园以及苗圃、果园等。防护林带要因地制宜地布置于生产区和生活区之间，改善厂区周围的生态条件，创造出卫生、安全的生活和劳动环境，有利于职工身心健康。

（四）工厂绿地设计要点

1.厂前区绿地设计

（1）景观要求较高：厂前区是职工上下班集散的区域，常常与城市街道相邻，是工厂的形象窗口。景观设计需美观、简洁、大方、明快，体现工厂的面貌。

（2）要满足交通使用功能：厂前区绿地设计不仅要满足人流汇聚的需求，还要保证人流集散和车辆通行。

（3）绿地组成：厂前区绿地主要由围墙、厂门、建筑物周围的绿化、广场、林荫道、雕塑、绿篱、花坛、花台、水池、喷泉、草坪及其阅报栏、光荣榜、宣传栏等有关设施组成。

（4）绿地布局形式：厂前区绿地布局常常采用规则式和混合式，布局要从建筑的平面布局、主体建筑的风格、主体建筑的立面、主体建筑的色彩、与城市道路的关系等方面综合考虑。

（5）工厂大门与围墙的景观设计：工厂大门与围墙的景观设计，要综合考虑，不仅要从交通功能的要求进行考虑，还要考虑与大门建筑造型及街道景观的协调。工厂大门与围墙布置要富于观赏性与装饰性，强调入口的标志性和引导性。

（6）厂前区道路绿化：遮阴树常选用冠大荫浓、耐修剪、生长快的乔木，或选用树姿优美、高大雄伟的常绿乔木和修剪整齐的常绿灌木、色彩鲜艳的花灌木以及多年生花卉，营造出整齐美观、明快开朗的厂前区林荫道。

（7）办公区建筑周围的景观设计：景观要与建筑的形式相协调，靠近办公楼的景观布局常采用规则式，可设计雕塑、花坛等；远离办公楼的景观布局常采用自然式，可设计树丛、草坪等；可通过种植植物软化美化建筑墙体基础，加强建筑入口处的装饰性和观赏性。建筑周围的基础绿带和花坛、草坪常常采用修剪整齐的常绿绿篱进行围边，点缀色彩鲜艳的花灌木和多年生花卉，有时还用低矮的色叶灌木作模纹图案。为了防夏季西晒，建筑东西两侧一般种植落叶乔木；不能影响通风采光，建筑的南侧一般配植乔木；为了不遮挡视线，灌木不能高于窗口。

2.生产区

（1）了解工厂生产、安全、运输、检修等方面的要求，并了解车间生产劳动的特点。

（2）了解本车间职工的生活需求、对景观布局和植物的喜好。

（3）处理好建筑、管线与植物的关系，不影响车间的通风采光等要求。

（4）重点美化车间出入口地段。

（5）根据车间生产特点，合理选择抗性强的植物。

3.仓库、露天堆场区绿地

考虑到工厂消防、交通运输和装卸方便等要求，留出5—7m宽的消防通道，仓库区植物选择防火植物，不能用易燃植物，高大乔木种植间距7—10m，疏植简洁。露天堆场不能影响物品堆放、车辆进出、装卸，周边栽植高大、隔尘、防火效果好的落叶阔叶树，外围配植隔离带。

4.工厂道路绿化设计

道路交叉口及转弯处要留出安全视距，不做高于视线的植物；工厂道路两侧行道树通常采用等距行列式栽植，株距5—8m，有时布置成花园式林荫道。

5.工厂小游园设计

工厂小游园常布置于厂前区，常与办公楼、大礼堂、阅览室、工人俱乐部、体育活动场地等结合布置。小游园设计要因地制宜，可设计水池、小品、休息设施、小径、汀步、观赏花木、草坪等，营造出环境优美、绿意宜人的环境景观效果。

6.工厂防护林带设计

工厂防护林带是工厂绿化的重要组成部分，不仅有净化空气、滤滞粉尘、减轻污染、吸收有毒气体的功能，还有保护、改善厂区乃至城镇环境的功能。那些产生有害排出物或生产要求卫生防护很高的工厂要求进行防护林带设计，防护林带的位置、条数和宽度要从工厂的污染因素、污染程度和绿化条件等方面综合考虑；防护林选择生长健壮、根系发达、树体高大、枝叶茂密、抗污染性强、病虫害少的植物；林带结构外轮廓设计成梯形或屋脊形，以乔灌混交的半通透结构和紧密结构为主。植物配置要求速生树与慢生树相结合，落叶树与常绿树相结合，阳性树与耐阴树相结合，乔、灌木相结合，净化与美化相结合。

四、实训内容

教师讲解工厂景观设计的知识点，举例分析国内外优秀的工厂景观案例。

教师给出某工厂景观现状图。学生运用所学知识综合分析设计，绘制出工厂景观设计的相关图纸（分析图、平面图、立面图或剖面图、鸟瞰图或局部效果图、植物景观设计图等）。

五、实训要求

（一）设计要求

根据工厂的环境特点进行景观要素的布局。

考虑供职工休闲娱乐的生活需求。

要求体现工厂的文化内涵。

恰当选择树种，合理种植。

有满足工人休息、锻炼、休闲的场所。

（二）图纸要求

分析图若干。

总平面图（包含景点）。

主要节点的立面图或剖面图，在平面图上标示剖切的位置。

全景鸟瞰或局部景观效果。

景观节点或小品详图（选做）。

六、实训步骤

分析工厂景观优秀作品。

分析给定的工厂环境特点，确定景观功能。

根据功能需求进行景观结构布局、交通组织和景点布置。

绘制草图。

教师对学生初步设计方案进行分析、指导。

学生修改、完善设计方案，绘制分析图、平面正图、立面图或剖面图及景观效果图。

编制设计说明书，主要内容包含设计依据、设计原则、设计理念和成果等。

七、参考案例（图5-22—图5-26）

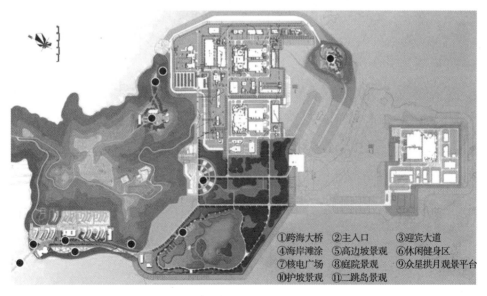

①跨海大桥　②主入口　③迎宾大道
④海岸滩涂　⑤高边坡景观　⑥休闲健身区
⑦核电广场　⑧庭院景观　⑨众星拱月观景平台
⑩护坡景观　⑪二跳岛景观

图5-22　某工厂景观设计平面图（厦门菁博园林工程有限公司）

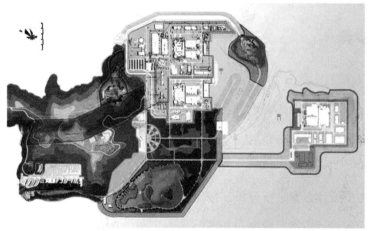

主入口景观区
海岸滩涂景观区
迎宾大道景观区
迎宾大道高边坡景观区
山顶双景平台景观区
二跳岛景观区
山路茶园景观区
二期施工准备景观区

图5-23　景观分区图（厦门菁博园林工程有限公司）

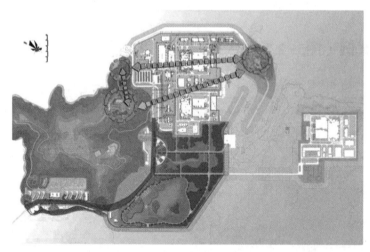

一带：一条链式景观带，包括主入口、滨海大道、石滩、高边坡、纬四路、厂区入口广场；

二片：绿化板块，包括山林片区、休闲健身片区；

三节点：三个相互呼应对景的山头景观平台节点。

一带
二片
三节点
景观联系

图5-24　景观结构分析图（厦门菁博园林工程有限公司）

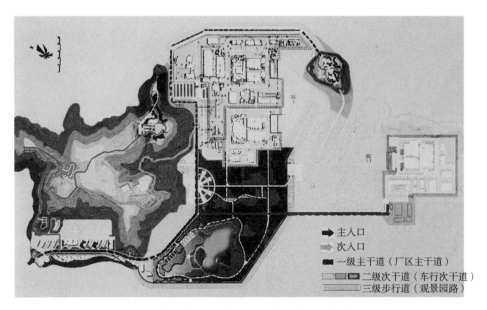

图5-25　交通分析图（厦门菁博园林工程有限公司）

图5-26　景观效果图（厦门菁博园林工程有限公司）

第六节　校园景观设计实训（选做）

实训十五　校园景观设计实训

实训学时：9—18学时

教学方式：讲授、实践

实训类型：必修

一、实训目的

掌握校园景观设计的基本理论、技能和方法，灵活运用这些知识到校园景观设计实践中去。

围绕深入学习贯彻习近平新时代中国特色社会主义思想和党的二十大精神，培养学生对校园景观的综合分析、解决问题的能力，学会从功能、技术、形式、环境诸方面综合考虑校园景观设计，并能正确表达和表现设计内容。

以立德树人、以德铸魂、以文化人等为引领，培养学生综合运用所学的校园景观知识进行校园景观设计。

二、实训材料及工具

现有的图纸及文字资料、测量仪器、计算机、绘图桌、绘图纸、针管笔、丁字尺、绘图笔、彩铅或马克笔等。

三、实训知识点

（一）校园绿化特点

学校一般分为大专院校、中小学和幼儿园。较大规模的大专院校校园绿地常采用点、线、面相结合的布局手法，将整个校园营造成一个完整的绿地系统。较小规模的幼儿园和中小学校校园绿地常采用点、线结合的布局手法。

（二）校园绿化设计要求

对未进行校园总体规划的校园，校园绿化设计要与总体规划同时进行统一规划，使建筑及各项设施用地与校园绿地用地比例符合规范。对已编制总体规划而未进行绿地规划的校园，绿地规划应及时在总体规划的基础上进行。

校园绿地规划必须按照国家要求，绿化用地各项指标应按照有关指标定额要求合理分配。

校园绿地要与校园建筑风格相呼应，自然景观与人工景观协调统一。因地制宜，各种环境和历史人文景观相互渗透，营造出具有地方特色、时代精神和环境优美的校园景观。

根据学校所处环境、自然条件和历史条件，考虑校园环境空间的多功能要求，处理好使用功能与生态造景的关系，营造丰富多彩的校园环境景观。

校园绿地规划编制要合理规划，分步实施。不仅要经济、实用和美观，还要注重实施的可操作性和易管理性。

校园绿地规划布局的形式主要有规则式、自然式和混合式三种。

规则式布局：规则式的校园绿地有明显的轴线，采用规则对称式或规则不对称式，以几何图形为主要平面形状，植物景观围绕校园主体或大型建筑物作规则式布置。校园大空间通过道路两侧对称布置的行道树林荫带划分，小型绿地空间通过绿篱区划和组织。

自然式布局：自然式的校园绿地各种园林要素自然布置，没有明显的对称轴线或对称中心。校园景观常结合起伏多变的地形地势，营造灵活多变、自然优美的校园环境景观。

混合式布局：校园绿地大多数采用的布局形式为混合式。校园绿地布局既有规则式又有自然式，或者以一种形式为主，另一种形式为辅。

（三）校园局部环境绿地设计

1.校前区绿地设计

学校大门是学校对外形象宣传的重要展示区，是学校面貌的形象窗口，常常跟行政办公区连成一体。学校大门景观不仅要满足人流和车辆集散、交通组织等使用功能，还要从景观色彩和形态的视觉效果重点考虑，创造安静、大方、庄重、美观的校园景观环境。校前区绿地空间组织开朗，布局常常采用规则式，以校门、办公楼入口为中心轴线，布置广场、花坛、喷泉、水池、雕塑和国旗台等，两侧对称布置休息性绿地或装饰性绿地。

2.教学科研区绿地设计

教学科研区绿地主要包括教学楼、实验楼、行政办公楼以及图书馆等建筑周围的绿地，主要是要满足教学科研的需要，为教学科研工作提供安静优美的环境，为学生提供室外活动空间。立面上要与建筑主体相协调，平面上要重点考虑图案构成和线形设计。教学区不仅要保证有良好的通风采光，还要保证教学环境安静，常种植落叶乔、灌木。为满足学生休息、集会、交流等活动的需要，教学楼附近一般会布置小型活动场地，布置花架、喷泉、雕塑、园灯、花坛等，创造简洁、开阔的景观特色。大礼堂是集会的场所，常设置集散广场，以绿篱和装饰性树种为主进行基础栽植，以草坪树林或花坛为主进行外围布置。实验室楼要综合考虑空气洁净程度、防火及防爆等因素。

3.生活区绿地设计

为满足师生课余学习、休息、交往和健身活动等需求，校园内常设有生活区，常设置小游园等较大面积的户外绿色空间，布置花台、假山、水池、花架、凉亭、坐凳等园林小品，营造丰富多彩、生动活泼的校园景观。生活区要因地制宜进行设计，常布置有一定的交通集散和活动场地，场地中心或周边布置花坛或种植遮阴树。学生宿舍区如果楼间距较大，可布置较宽敞的晒场空间，或布置成休闲娱乐场地。

4.体育活动区绿地设计

体育活动区绿地要充分考虑运动设施和周围环境的特点，四周常种植高大乔木和耐阴的花灌木，形成隔离绿带，以供运动间隙休息庇荫，减弱噪声对外界的干扰。篮球场、排球场周围不宜种植易落浆果或绒毛的树种，种植分枝点高的落叶遮阴大乔木，适当之处布置坐凳，供人休息和观看使用。

5.休息游览区绿地设计

休息游览区布置于校园的重要地段，呈团块状分布，常布置成小游园，不仅可以满足学生休息、散步、自学、交流，还可以陶冶情操、美化环境。根据小游园地形状况、面积大小、周围环境和构思立意等因素，小游园平面布局可采用抽象式、规则式、自然式或混合式。小游园的广场中心常常布置雕塑、花坛、喷水池等装饰小品，四周常布置花架、座椅、柱廊等，供人休息。小游园园路宜呈环套状，忌走回头路；主路宽3m左右，次路宽1.5—2m，最小宽度为0.9m。

四、实训内容

教师讲解校园绿地设计的知识点，举例分析国内外优秀的校园景观案例。

教师给出某校园景观现状图。学生运用所学知识综合分析设计，绘制出校园景观设计的相关图纸（分析图、平面图、立面图或剖面图、鸟瞰图或局部效果图、植物景观设计图等）。

教师与学生互动指导、修改、指导。

完成作业。

五、实训要求

（一）设计要求

根据校园的环境特点进行景观要素的布局。

考虑供师生休闲娱乐的生活需求。

要求体现校园的文化内涵。

恰当选择树种，合理种植。

有满足师生休息、锻炼、休闲的场所。

（二）图纸要求

分析图若干。

总平面图（包含景点）。

主要节点的立面图或剖面图，在平面图上标示剖切的位置。

全景鸟瞰或局部景观效果。

景观节点或小品详图（选做）。

六、实训步骤

分析校园景观优秀作品。

分析给定的校园环境特点，确定景观功能。

根据功能需求进行景观结构布局、交通组织和景点布置。

绘制草图。

教师对学生初步设计方案进行分析、指导。

学生修改、完善设计方案，绘制分析图、平面正图、立面图或剖面图及景观效果图。

编制设计说明书，主要内容包括设计依据、设计原则、设计理念和成果等。

七、优秀参考案例（图5-27—图5-30）

图5-27　某校园总平面图（漳州市城市规划设计研究院）

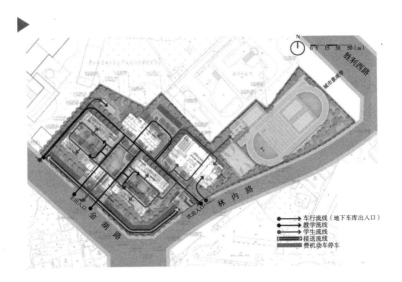

图5-28　交通系统分析图（漳州市城市规划设计研究院）

图5-29　局部效果图（漳州市城市规划设计研究院）

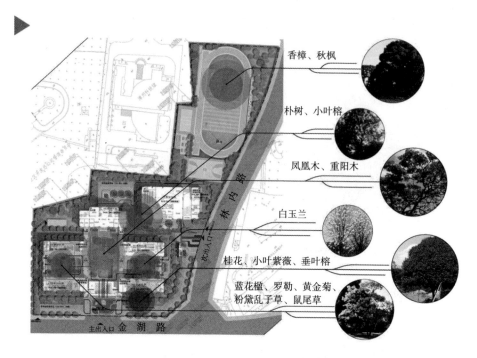

香樟、秋枫

朴树、小叶榕

凤凰木、重阳木

白玉兰

桂花、小叶紫薇、垂叶榕

蓝花楹、罗勒、黄金菊、
粉黛乱子草、鼠尾草

图5-30　植物景观意向图（漳州市城市规划设计研究院）

第七节　居住区景观设计实训

实训十六　居住区景观设计实训

实训学时：12—24学时

教学方式：讲授、实践

实训类型：必修

一、实训目的

熟练识别居住区的各类绿地，掌握居住区景观设计的基本理论、技能和方法。

培养学生对居住区景观的综合分析、解决问题的能力，学会从功能、技术、形式、环境诸方面综合考虑居住区景观设计，并能正确表达和表现设计内容。

以立德树人、以德铸魂、以文化人等为引领，围绕深入学习贯彻习近平新时代中国特色社会主义思想和党的二十大精神，培养学生综合运用所学的居住区景观知识进行居住区景观设计。

二、实训材料及工具

现有的图纸及文字资料、测量仪器、计算机、绘图桌、绘图纸、针管笔、丁字尺、绘图笔、彩铅或马克笔等。

三、实训知识点

（一）概念

1.居住区

以居住小区为基本单位组成居住区。

2.居住小区

以居住生活单元为基本单位组成居住小区。

3.住宅组团

住宅组团是将若干栋住宅集中紧凑地布置在一起，在建筑上形成整体的、在生活上有密切联系的住宅组织形式。

（二）居住区道路系统布局

1.宅前小路（小路）

宅前小路通向各户或单元门前，主要供行人使用，一般宽为1.5—3m。

2.生活单元级道路（次干道）

路面宽度为4—6m，平时以通行非机动车和行人为主，必要时可通行救护、消防等车辆。

3.居住小区道路（主干道）

居住小区道路是联系小区各部分之间的道路，车行道宽度7m以上，两侧可布置人行道及绿化带。

4.居住区级道路（城市道路）

居住区级道路用以解决居住区内、外的交通联系，车行道宽度9m以上，道路红线不小于16m。

（三）居住区绿地的组成

公共绿地：居住区公园，居住小区公园，组团绿地。

公共服务设施所属绿地。

道路绿地。

宅旁绿地和居住庭院绿地。

（四）居住区绿地规划原则

总体布局，统一规划。

以人为本，设计为人。

以绿地为主，小品点缀。

利用为主，适当改造。

突出特色，强调风格。

功能实用，经济合理，大处着眼，细处着手。

（五）居住区环境的综合营造

1.总体环境

（1）居住区环境景观要从多方面分析设计的可行性和经济性，如场地的基本条件、气候条件、地形地貌、土质水文、动植物生长状况和市政配套设施等。

（2）根据居住区的规模和建筑形态，确定景观风格。居住区整体意境及风格塑造从平面和空间两个方面入手，合理配置用地，安排适宜的景观层次，配套必备的设施，优化空间。

（3）采用借景、露景、组景、添景等多种手法协调居住区内外环境。如居住区临近公园或其他类型景观资源，采用露景和借景手法设置景观视线通廊，使内外景观有机交融；如居住区濒临城市河道，应充分利用自然水资源，布置亲水景观，采用借景、组景和添景手法协调居住区内外环境；如居住区毗邻历史古迹保护区，采用借景、露景、组景、添景等多种手法挖掘和尊重历史文化景观，创造具有特色的文化景观。

2.光环境

（1）良好的居住区休闲空间采光环境有利于居民进行户外活动，布置适当在的庇荫构筑物有利于居民进行交往。

（2）硬质、软质材料的选择不仅要考虑光的反射，还要考虑居住空间光线要求；景观小品不宜采用高反射性材料（如金属、玻璃等），减少光污染；布置户外活动场地朝向要考虑眩光的影响。

（3）居住区景观设计可利用日光的光影变化营造独特的户外空间景观；室外灯光不宜盲目强调灯光亮度，应营造舒适、安静、温和、优雅的夜景。

3.通风环境

（1）居住区建筑的排列不宜布置过于封闭的空间，要做到疏密有致、通透开敞，自然通风良好。

（2）良好的居住区通风环境可通过适当增加水面面积和扩大绿化种植面积进行调节。

（3）根据当地不同季节的主导风向设置户外活动场来疏导自然气流。

（4）达到大气环境质量二级标准。

4.声环境

（1）居住区声环境要符合国家规范（夜间噪声允许值宜≤40dB，白天噪声允许值宜≤45dB）。如居住区靠近噪声污染源，要进行防噪设置，如隔音墙、植物种植、人工筑坡、水景造型、建筑屏障等。

（2）居住区环境景观设计中要采用柔美的背景音乐，增强居民的生活情趣。

5.温、湿度环境

（1）温度环境：居住区环境景观要充分考虑不同地域的温度条件，如南方地区夏季炎热，要从降温角度考虑软质景观设计；北方地区冬季寒冷，要从保暖的角度考虑硬质景观设计。

（2）湿度环境：通过调节景观水量和配置植物，使居住区的相对湿度保持在30%—60%，营造出舒适的环境景观。

6.嗅觉环境

（1）居住区不宜布置那些散发异味、臭味和引起过敏的植物，适当种植芳香类有利健康的植物。

（2）设置垃圾收集装置，避免废弃物对环境造成不良影响。

7.视觉环境

（1）居住区环境景观可从视觉角度进行设计，如采用对景、衬景、框景等手法布置景观视廊，营造特殊的视觉效果。

（2）要从视觉景观的多种元素组合进行综合研究，达到比例恰当、尺度适宜、色彩宜人、质感亲切、韵律优美的静态和动态观赏效果。

8.人文环境

（1）要重视保护当地的文物古迹，妥善修缮、保留建筑物。

（2）要重视保护古树名木，就地保护；名贵树种不宜大量移入。

（3）尊重和挖掘地域原有的人文环境特征和民间习俗，从中提炼代表性设计元素。

9.建筑环境

（1）居住区景观环境要与建筑空间组合、建筑造型等进行整合，使环境景观具有个性特征和可识别性。

（2）居住区景观可从建筑的立面、建筑材料、建筑色彩等方面综合考虑，营造丰富优美舒适的外部环境。

（六）居住区景观设计的内容

1.居住区绿化种植景观

居住区绿化种植要将其视觉功能和非视觉功能统一起来，绿地率新区建设不应低于30%，旧区改造不宜低于25%。

（1）居住区公共绿地：居住区公共绿地指的是居住区居民公共使用的绿地，由中心绿地（居住区公园、小游园、组团绿地）和非中心绿地（儿童游戏场和其他的块状、带状公共绿地）组成。居住区公园布局要有明确的功能分区，常设置铺装地面、花木草坪、水景、花坛、凉亭、雕塑、茶座、老幼设施、停车场等内容。小游园布局有一定的功能划分，常设置铺装地面、花木草坪、水景、花坛、雕塑、儿童设施等内容。组团绿地布局灵活，常设置花木草坪、桌椅、简易儿童设施等内容。

（2）宅旁绿地：宅旁绿地也称为宅间绿地，是最基本的绿地类型，是指行列式建筑前后两排住宅之间的绿地。宅旁绿地的种植应考虑建筑物的朝向，如华北地区建筑物南面不宜种植过密，避免影响通风和采光。高大灌木不宜种植窗户附近；高大阔叶乔木布置于建筑物的西面，避免西晒，有良好的降温效果；建筑物阴影区要选择耐阴植物。

（3）隔离绿化：为减少灰尘、噪声及有害气体的影响，居住区道路绿化种植要配置乔木、灌木和草本植物组合的植物群落，从而营造安静和卫生的居住环境。公共建筑与住宅之间常设置乔木和灌木构成浓密的隔离绿地，用灌木或乔木隐蔽锅炉房、变电站、变电箱、垃圾站等欠美观地区。

（4）架空空间绿化：南方亚热带气候区的居住区底层架空，常作为居民户外活动的半公共空间，宜种植耐阴性的花草灌木，局部不通风的地段可布置枯山水景观，配置适量的活动和休闲设施。

（5）平台绿化：平台上部空间常常作为活动场所，平台下部空间常常作为停车库或活动健身场地等。平台绿化要根据"人流居中，绿地靠窗"的原则，从平台结构的承载力、排水和采光等方面综合考虑，结合地形特点、小气候条件及使用要求进行设计。

（6）屋顶绿化：屋顶比地面环境条件恶劣，温度高于地面，空气湿度低于地面，风力通常要比地面大得多，种植土较薄，但空气较通畅，污染较少。屋顶要充分考虑顶板的荷载力和防水力，一般选用根系较浅、低矮、耐瘠薄、耐瘠、抗病虫害性强的植物。

2.道路景观及场所景观设计

（1）道路景观设计：①道路导向性明确，其环境景观要根据导向要求进行设计，绿化种植要有韵律感和观赏性，路面质地色彩也要有韵律感和观赏性；②道路是重要的视线走廊，可通过对景和远景设计强化视线；③绿荫带设置于休闲性人行道和园道两侧，常与亭廊、花台、水景、游乐场等结合形成有序的休闲空间，加强景观的层次感；④居住区内的消防车道常设计成隐蔽式车道，要求4m幅宽的消防车道内不能种植妨碍消防车通行的植物，铺设人行步道或草坪，弱化消防车道的生硬感，美化环境。

（2）入口处理：常常根据地形条件和园内功能分区，避开交通频繁的地方，设置不同方向出入口。

入口景观设计的重点：①组织功能与流线，合理安排空间布局；②围绕立意与主题建构特色的景观序列；③配置适当的景观要素。

（3）休闲广场：①休闲广场一般设置于居住区人流集中处（如中心区、主入口处等），根据居住区规划设计要求和规模确定休闲广场面积，结合建筑风格和地方特色考虑休闲广场形式，出入口要设置无障碍通道；②广场要有充足的日照，周边种植适量庭荫树遮荫，布置休息、活动和交往的设施，灯光照度要适度，不能干扰邻近居民休息；③广场铺装以硬质材料为主，不能采用无防滑措施的材料，如光面石材、地砖、玻璃等，铺装形式及色彩搭配要有一定的图案感。

（4）健身运动场：健身运动场包括休息区和运动区。休息区常设置于运动区周围，设置适量的座椅，种植遮阳乔木，有时会设置直饮水装置。运动区要有良好的日照和通风条件，地面铺装常选用平整防滑适于运动、易清洗、耐磨、耐腐蚀的材料，老人健身场地要采取防跌倒措施。

（5）儿童游乐场：①儿童游乐场地设置于阳光充足、空气清新、无强风的开敞绿地区域，与主要交通道路相隔一定距离，与居民窗户距离10m以外；②儿童游乐场周围要保持较好的可通视性，不能种植遮挡视线的植物；③儿童游乐场设施要兼顾实用性与美观性，色彩要与周围环境相协调，尺度要适宜，布置柔软地垫、保护栏、警示牌等。

3.居住区硬质景观设计

硬质景观是指用质地较硬的材料组成的景观，主要包括围栏/栅栏、挡土墙、坡道、台阶、座椅、雕塑小品及一些便民设施等。围栏/栅栏一般采用栅状和网状、透空和半透空等几种形式，选择铁制、铝合金制、钢制、木制、竹制等材料。根据建设用地的实际情况确定挡土墙的形式，不同类型的挡土墙技术要求和适用场地不同。坡道是交通和绿化系统中重要的设计元素之一，根据场所性质选择不同材料，布置不同坡度，视觉感受不同。台阶常常用于高差处理，具有较强的引导视线功能和丰富空间的层次感，形成不同的远景和近景的效果。座椅的造型和色彩要结合环境规划进行考虑，尺度要适宜，简洁适用，材料多为木材、石材、陶瓷、金属、混凝土、塑料等。雕塑小品要与周围环境协调，通常以其小巧的格局、精美的造型点缀空间，赋予景观空间环境以生气和主题，塑造出空间诱人而富于意境的环境景观。居住区便民设施选址要方便易达，可设置自行车架、音响设施、书报亭、公用电话、邮政信报箱、垃圾箱、饮水器、座椅（具）等。

4.居住区水景设计

水景设计应结合场地气候、地形及水源条件。南方干热地区应尽可能为居住区居民提供亲水环境；北方地区在设计不结冰期的水景时，还必须考虑结冰期的枯水景观。

（1）应考虑地形条件和拟塑造何种艺术意境空间，然后决定采用何种水形。

（2）水景设计时应避免产生死水一潭的感觉。解决的办法有二：一是藏源；二是变静为动。

（3）借鉴自然状态下的水景，水体与其周边多种环境因素共同形成。

（4）水景步道不宜一味临水，步道与水面应是若即若离、时隐时现。

四、实训内容

教师讲解居住区景观设计的知识点，举例分析优秀的居住区景观设计案例。

教师给出某居住区景观现状图。学生运用所学知识综合分析设计，绘制出居住区景观设计的相关图纸（分析图、平面图、立面图或剖面图、效果图、植物景观设计图和设计说明等）。

五、实训要求

（一）设计要求

根据居住区的环境特点进行景观要素的布局。

考虑供居民休闲娱乐的生活需求。

要求体现居住区的文化内涵。

恰当选择树种，合理种植。

有满足居民休息、锻炼、休闲的场所。

（二）图纸要求

设计说明。

现状分析图。

设计分析图。

设计平面图（景点名称）。

功能分析图。

视线分析图。

竖向分析图。

植物配置图。

室外家具分布图（照明）。

注意景观节点的立面、剖面，效果图。

六、实训步骤

分析居住区景观优秀作品。

分析给定的居住区环境特点，确定景观功能。

根据功能需求进行景观结构布局、交通组织和景点布置。

绘制草图。

教师对学生初步设计方案进行分析、指导。

学生修改、完善设计方案，绘制分析图、平面正图、立面图或剖面图及景观效果图。

编制设计说明书，主要内容包含设计依据、设计原则、设计理念和成果等。

七、优秀参考案例

（一）总平面图

总平面图，如图5-31所示。

北区
① 小区主入口
② 主入口景墙
③ 邻里广场
④ 树池广场
⑤ 羽毛球场
⑥ 闲暇座廊
⑦ 休闲平台
⑧ 儿童游乐区
⑨ 成人健身区
⑩ 商业广场
⑪ 林内幼儿园
⑫ 圣王宫

南区
⑬ 小区主入口
⑭ 主入口端景
⑮ 阳光草坪
⑯ 活动广场
⑰ 操练广场
⑱ 商业广场
⑲ 成人健身场
⑳ 儿童游乐园
㉑ 邻里广场
㉒ 洪氏宗祠

图5-31　总平面图（漳州市城市规划设计研究院）

（二）分析图

功能系统分析图，如图5-32所示。

▓▓▓ 入口礼序景观区
▒▒▒ 林下休闲景观区
▦▦▦ 健身活动功能区
┊┊┊ 邻里互动区

图5-32　功能系统分析图（漳州市城市规划设计研究院）

交通系统分析图，如图5-33所示。

图5-33　交通系统分析图（漳州市城市规划设计研究院）

（三）节点平面图

节点平面图，如图5-34所示。

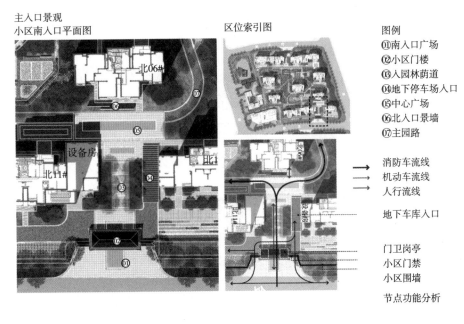

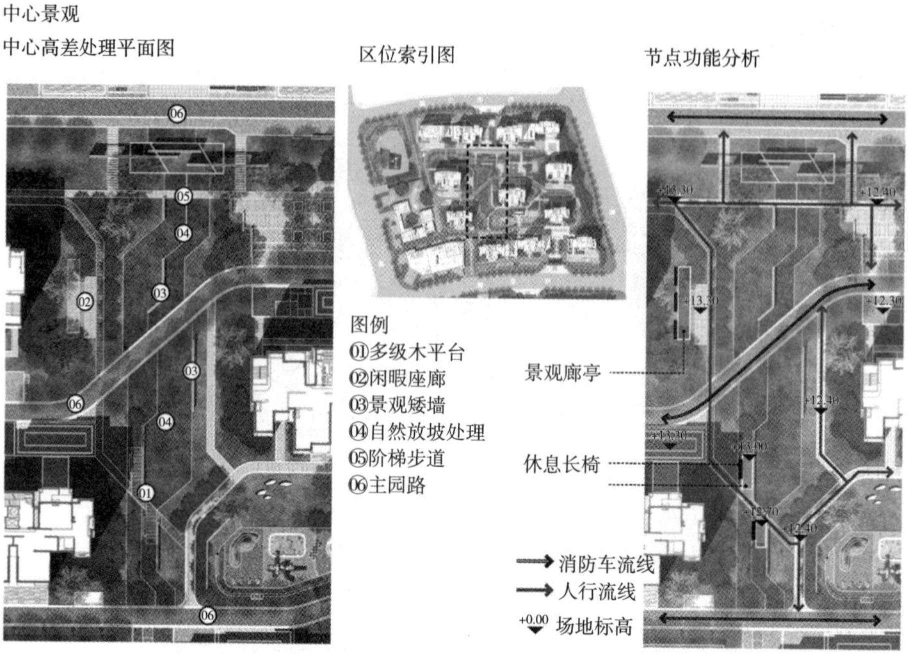

中心景观
中心高差处理平面图
区位索引图
节点功能分析
图例
①多级木平台
②闲暇座廊
③景观矮墙
④自然放坡处理
⑤阶梯步道
⑥主园路
景观廊亭
休息长椅
消防车流线
人行流线
+0.00 场地标高
+13.30
+12.40
+12.30
+12.40
+13.30
+13.00
+12.70
+12.40

图5-34 节点平面图（漳州市城市规划设计研究院）

（四）剖面图、立面图

立面图、剖面图，如图5-35所示。

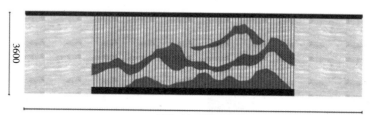

3600
景墙正立面图
300
3600
景墙侧立面图
景墙透视图

图5-35 节点立面图（漳州市城市规划设计研究院）

（五）局部效果图

局部效果图，如图5-36和图5-37所示。

▲北07#入户景观

图3-36　局部效果图（漳州市城市规划设计研究院）

▲南侧入口景墙

图3-37　局部效果图（漳州市城市规划设计研究院）

（六）植物景观意向图

植物景观意向图，如图5-38所示。

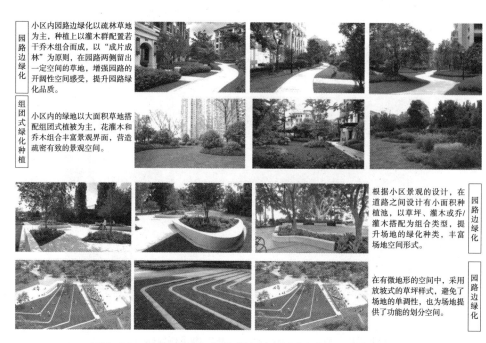

图5-38 植物景观意向图（漳州市城市规划设计研究院）

第八节　滨水景观设计实训

实训十七　滨水景观设计实训

实训学时：12—30学时

教学方式：讲授、实践

实训类型：必修

滨水绿地是园林设计中经常遇到的一类设计类型，也是园林学生必须掌握的一项最基本的技能。滨水绿地有自己的特点，同时有时候要和公园设计规范相结合。

一、实训目的

熟练掌握滨水绿地的设计原则，能够将陆地与水域结合设计得更加合理，贴近人的行为习惯。

培养学生对滨水景观的综合分析、解决问题的能力，学会从功能、技术、形式、环境诸方面综合考虑滨水景观设计，并能正确表达和表现设计内容。

以立德树人、以德铸魂、以文化人等为引领，围绕深入学习贯彻习近平新时代中国特色社会主义思想和党的二十大精神，培养学生综合运用所学的滨水景观知识进行设计。

二、实训材料及工具

现有的图纸及文字资料、测量仪器、计算机、绘图桌、绘图纸、针管笔、丁字尺、绘图笔、彩铅或马克笔等。

三、实训知识点

（一）滨水景观类型

1.自然滨水景观

（1）海洋景观：指处在海洋或者与海洋直接相关的景观，具有观光、休闲、娱乐、游览价值。它主要包括海水、沙滩、海岛、礁石、海浪、海潮，以及更广泛的海洋生态景观，如海洋赤潮景观、海洋湿地景观等。

（2）湖泊景观：指由湖泊及其周边环境共同构成的景观。湖泊本身作为核心元素，其形态、水质、水生生物等构成了湖泊自然景观的主体。湖泊的周边环境，包括岸线、植被、地形地貌以及人文建筑等，共同营造了湖泊的整体景观氛围。

（3）河流景观：指河流及其周边环境自然形成的美丽景色，它未经人工过度干预，完整地展现了河流的原始风貌和生态特性。这类景观是自然界中河流形态、水流特征、地质构造以及生物群落等多种因素相互作用的结果。

（4）湿地景观：是一种特殊的自然景观，包括沼泽、滩涂、低潮时水深不超过6米的浅海区、河流、湖泊、水库、稻田等，具有自然和人工、常久或暂时性的特征。它带有静止或流动、淡水、半咸水或咸水水体，是陆地与水域之间的过渡地带，也是水生生态系统与陆地生态系统相互作用的复杂区域。

2.人工滨水景观

人工滨水景观是一种完全由人类活动所创造的景观类型，它构成了现代城市滨水区的重要组成部分。这种景观与自然滨水景观形成鲜明对比，更多地体现了人类的智慧和创造力。人工滨水景观不仅美化了城市空间，提升了城市形象，更为人们提供了一个与自然亲近、享受生活的场所。

（二）滨水景观设计的原则

1.生态优先原则

生态优先是滨水景观设计的首要原则。在滨水景观设计过程中，应充分尊重自然生态规律，保护生态系统的完整性和稳定性。通过合理利用自然资源，减少对环境的破坏，促进生态平衡的恢复和维持。同时，设计应充分考虑生态系统的承载能力，避免过度开发和利用。

2.功能多样性原则

滨水景观设计应强调人与自然的和谐关系。通过创造宜人的亲水环境，引导人们亲近自然、感受自然，提升人们的生活品质和幸福感。同时，设计应尊重自然规律，避免过度干预和破坏自然环境，保持人与自然的和谐共生状态。

3.和谐共生原则

人与自然和谐是滨水景观设计的重要理念。在设计过程中，应尊重自然、顺应自然，使人与自然形成亲密的关系。通过巧妙利用地形、水系等自然元素，营造出宜人的环境氛围，让人们在其中感受到自然的美丽和宁静。

4.景观连续性原则

滨水景观作为城市空间的重要组成部分，应保持景观的连续性和整体性。在设计过程中，应注重景观元素的衔接和过渡，确保景观空间的流畅性和连贯性。通过合理的空间布局和景观节点的设置，营造出具有层次感和动态感的滨水景观带。

5.文化与历史融合原则

滨水景观设计应充分挖掘和利用当地的文化和历史资源，将传统文化元素和现代设计理念相结合，打造出具有地域特色和文化底蕴的滨水景观。这不仅有助于提升城市的文化品位，还能增强市民的文化认同感和归属感。

6.美观与实用并重原则

滨水景观设计既要追求美观性，又要注重实用性。设计时应注重形式与功能的统一，确保景观空间既具有视觉美感，又能满足市民的实际需求。通过合理的空间布局、色彩搭配和植物配置，营造出既美观又实用的滨水景观环境。

7.可持续发展

滨水景观设计应遵循可持续发展理念，注重资源的节约和循环利用。在材料选择方面，应优先使用环保、可再生和可循环利用的材料；在能源利用方面，应积极采用节能技术和清洁能源；在后期维护方面，应建立长效管理机制，确保滨水景观的可持续利用和发展。

（三）滨水景观的设计方法

1.生态设计法

滨水景观生态设计法是一种注重生态平衡、环境保护和可持续发展的设计理念。通过场地分析与评估、水质保护与净化、生态体系构建、植被选择与配置、空间布局与规划、景观设施与小品、可持续材料与工艺以及后期维护与管理等方面的综合考虑和实施，从而打造出与自然和谐共生的滨水景观空间，为人们提供优质的休闲和娱乐环境。

2.功能设计法（人文主义设计法）

滨水景观功能设计法是一个综合性的设计方法，需要综合考虑开放性与亲水性、交通连续性与文化性、功能片区划分、景观序列与对景关系、生态原则与资源调配、美观实用与功能融合以及植物多样性与绿化设计等方面。通过科学的规划和设计，可以打造出功能齐全、生态环保、美观实用的滨水景观，为人们提供优质的休闲和娱乐环境。

3.视觉形态法

滨水景观视觉形态法是一种注重自然风貌、视觉差异和文化特色的设计方法，通过巧妙的空间布局、景观配置和视觉效果把控，打造出独特而富有魅力的滨水景观。

4.场地文脉法

滨水景观场地文脉法是一种注重历史文化传承、环境特点融合、文化习俗体现等要素的设计方法。通过深入挖掘和展现场地的文脉特征，营造出具有独特魅力和文化内涵的滨水景观，为城市的可持续发展和文化传承贡献力量。

5.城市设计法

滨水景观城市设计法是一种综合性的设计方法，旨在打造具有独特魅力与活力的城市滨水空间。通过遵循设计原则与理念，注重生态保护与文化传承，优化交通与游憩规划，以及精心设计景观节点与序列，创造出既美观又实用的滨水景观，为城市的可持续发展和人们的生活品质提升贡献力量。

6.综合设计法

滨水景观综合设计法是一种全面而系统的设计方法，它通过综合考虑规划设计、绿化植被、护岸堤设计、功能区域划分、交通组织、景观元素选择、人工设施建设以及生态环境保护等方面，打造出既美观又实用的滨水景观空间，为人们提供优质的休闲和娱乐环境。

（四）滨水景观的设计步骤

1.收集并勘察资料

（1）获取地形图和勘测文件。

（2）现场勘察。

（3）其他资料、信息的收集。

2.确定设计核心目标

（1）确定目标。

（2）明确重点。

（3）设定设计流程。

3.对环境对象进行分析

（1）环境要素分析：周边交通现状、自然景观、自然环境、人工构筑的环境、周边公共服务设施、条件和倾向。

（2）社会要素分析：人口的社会属性、活动行业类别和频率、条件和倾向。

（3）经济要素分析：现有土地和各种现存设施的所属情况、现有设施的经营状况、条件和倾向。

（4）调研分析：使用者要求、潜在使用对象的使用意识、管理机构的要求。

4.场地分析与评估

（1）调研结果的分析整理：利用图示法找出场地的主要景观特征，发掘滨水景观的魅力。

（2）通过"千层饼"场地分析法，或者地理学的GIS分析法，利用数据和计算机辅助，从技术层面上客观地分析场地景观环境条件。

（3）评估环境品质，提出发送景观环境措施和方法。

5.确定设计概念

（1）制订滨水空间规划与设计的基本思路。

（2）根据现有滨水条件，制订可实施亲水活动设施类别，分析亲水活动设施所需环境条件。

（3）结合现在的亲水活动和将来的区域整体要求，通过滨水空间的景观环境改造，提出亲水活动的具体类别。

（4）规划亲水活动设施，提出规划与设计细则。

6.进行深化设计

（1）制作滨水空间的景观设计总平面和相关功能分析图，深入探讨设计方案的可行性。

（2）细化设计各个功能空间。

（3）深化安全和疏散应急设计。

（4）设计雕塑、小品、构筑物，提高环境艺术性。

（5）完善驳岸、铺装、植栽、材料工艺等设计细节。

7.预测和修正设计

通过对水文环境、植被生长、景观设施需求、人流活动等多方面的预测分析，为后续的设计工作提供科学依据，并在实际施工过程中不断修正、完善设计方案，以实现更加合理、可持续的滨水景观效果。

8.与相关设计案例进行对比分析

通过对比分析相关滨水景观设计案例，可借鉴这些成功案例的经验和教训，结合具体的地域和文化特点进行设计创新，打造出既美观又实用、既符合人们需求又有利于生态保护的滨水景观。

（五）分区空间的处理

1.滨水空间

滨水空间包含外围空间、绿地内部空间、水面空间、临水空间、水面对岸空间。

2.滨水空间设计

（1）横向上：在不同的高程安排亲水、临水空间，常采用多层复式的断面结构（如外高内低型、外低内高型、中间高两侧低型等）。

（2）竖向上：利用地形变化和植被配置的变化，塑造优美多变、韵律节奏、高低起伏变化的林冠线和天际线。

（六）临水空间的处理

1.自然缓坡型

较宽阔的滨水空间常常采用自然缓坡型，临水布置游览步道，自然弯曲的水岸种植植物，营造开阔舒展、自然生态的滨水空间。

2.台地型

台地型适用于水陆高差较大、绿地空间不开阔的内向型临水空间。

3.挑出型

挑出型适用于开阔的水面，常常设置高出常水位0.5—1.0m的临水或水上平台、栈道，从而满足人们亲水、远眺观赏的需求。

4.引入型

引入型指的是将水体引入绿地内部，结合地势高差关系组织动态水景，构成景观节点。

5.垂直型

人的行走空间跟水体紧紧相连，绿地在道路另一侧。

（七）滨水绿地道路系统的处理

滨水绿地道路系统要人车分流、和谐共存，不仅要串联各出入口、活动广场、景观节点等内部开放空间，还要串联绿地周边街道空间。

布置方便、舒适、吸引人的游览路径，营造多样化的活动场所。

不仅要设置舒适、安全的亲水设施，还要布置多样化的亲水步道，从而增进人际交往与地域感。

布置美观的道路装饰小品和灯光照明。

（八）生态护岸技术措施

生态护岸多采用固土植物护坡的措施：网石笼结构生态护岸，土工材料复合种植技术，植被型生态混凝土护坡，水泥生态种植基，多孔质结构护岸，自然型护岸。

（九）植物景观设计

结合地形的竖向设计，模拟自然水系的典型地貌特征营造滨水植物适生环境，选择配置植物。

天然植被要素引入滨水生态敏感区。

适地适树，注重植物群落的多样性。

四、实训内容

教师讲解滨水景观设计的知识点，举例分析优秀的滨水景观设计案例。

教师给出现状图，参考地形图是某城市拟建的西湖生态园。用地内部有两座小山，一条排洪渠穿越其中，内有一座古庙。学生根据拟定的参考地形资料分析后，完成以下图纸：总平面图1：1000比例（要求有经济技术指标），各类分析图（道路分析图、功能分析图、概念分析图、空间分析图等），植物规划图，局部平面图放大1：300，立面和效果图，设计说明等。

五、实训要求

（一）设计要求

根据滨水公园的环境特点进行景观要素的布局。

考虑供市民休闲娱乐的生活需求。

要求体现滨水公园的文化内涵。

恰当选择树种，合理种植。

有满足市民休息、锻炼、休闲的场所。

（二）图纸要求

设计说明。

现状分析图。

设计分析图。

设计平面图（景点名称）。

功能分析图。

视线分析图。

竖向分析图。

植物配置图。

室外家具分布图（照明）。

注意景观节点的立面、剖面，效果图。

六、实训步骤

分析滨水公园景观优秀作品。

分析给定的滨水公园环境特点,确定景观功能。

根据功能需求进行景观结构布局、交通组织和景点布置。

绘制草图。

教师对学生初步设计方案进行分析、指导。

学生修改、完善设计方案,绘制分析图、平面正图、立面图或剖面图及景观效果图。

编制设计说明书,主要内容包含设计依据、设计原则、设计理念和成果等。

七、参考案例

滨水景观总平面图,如图5-39所示。

①合家堡民俗村　　⑩日昇广场
②林氏耕礼堂广场　⑪景观跌水
③生态园主入口　　⑫游客主码头
④园区次入口　　　⑬地下人防顶板
⑤西湖生态酒店　　⑭景观桥梁
⑥松柏山遗址　　　⑮康山小镇
⑦上帝庙文化保留景点　⑯儿童乐园
⑧福船山(植被修复)　⑰水中舞台
⑨摩天轮　　　　　⑱水仙花文化馆

N　0 25 50 100 150　250m

图5-39　西湖生态园总平面图（漳州市城市规划设计研究院）

滨水景观功能系统分析图，如图5-40所示。

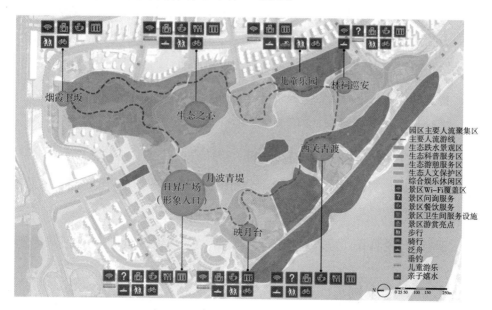

图5-40 功能系统分析图（漳州市城市规划设计研究院）

滨水景观交通分析图，如图5-41所示。

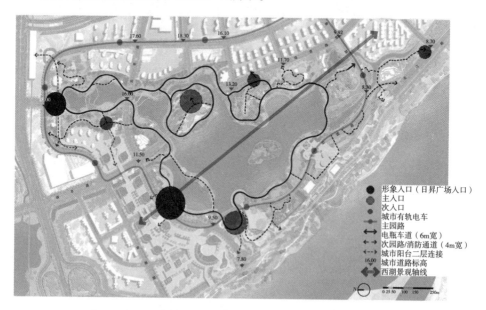

图5-41 交通系统分析图（漳州市城市规划设计研究院）

滨水景观节点平面图，如图5-42、图5-43所示。

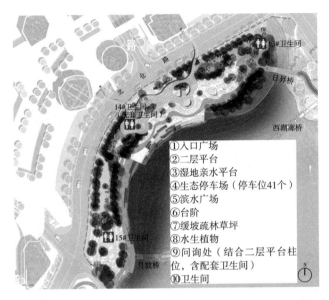

①入口广场
②二层平台
③湿地亲水平台
④生态停车场（停车位41个）
⑤滨水广场
⑥台阶
⑦缓坡疏林草坪
⑧水生植物
⑨问询处（结合二层平台柱位，含配套卫生间）
⑩卫生间

图5-42　节点平面图a（漳州市城市规划设计研究院）

①R3线入口广场　　④保留建筑　　　　⑦栈桥　　　　　　　⑩木栈道
②住宅管理门卫　　⑤电瓶车停靠点　　⑧骑楼商业街入口广场　⑪王氏家庙
③下层台阶　　　　⑥上坂山休闲广场　⑨落水景观　　　　　⑫R3线上坂站

图5-43　节点平面图b（漳州市城市规划设计研究院）

滨水景观节点效果图和立面图，如图5-44所示。

图5-44　立面图（漳州市城市规划设计研究院）

滨水景观节点局部效果图，如图5-45所示。

（1）日昇广场效果图

（2）R3线入口效果图

图5-45　局部效果图（漳州市城市规划设计研究院）

植物意向图，如图5-46所示。

水下森林-会呼吸的西湖
——结合湖底地形塑造，合理规划水生植物布局，构建生境系统。
——以沉水植物及水生动物为主，挺水植物为辅。

营造目标：
——营造稳定健康的清水草型水生态系统。
——实现湖体优良水质的长久维持与生物多样性的持续提升。
——水质达到地表Ⅳ类水。
——透明度超过1m。

设计原则：
——确保水生态系统结构完整、生境群落稳定，包含水生植物、鱼类、底栖动物、浮游植物、微生物等。
——确保生物群落结构搭配合理性，保障水生态系统的平衡与稳定。
——水生态系统具有较强抗逆性，具有相应的污染负荷削减能力。
——经济性，即营造成本节约，后期维护方便。

图5-46　植物意向图（漳州市城市规划设计研究院）

第九节 公园景观设计实训

实训十八 公园景观设计实训

实训学时：12—30学时

教学方式：讲授、实践

实训类型：必修

一、实训目的

了解公园规划设计的基本程序和过程，学会对基址状况作全面分析，绘制现状分析图、景观构成分析图。

培养学生对公园景观的综合分析、解决问题的能力，熟练进行多方案的设计思路探讨，学会从功能、技术、形式、环境诸方面综合考虑公园景观设计，并能正确表达和表现设计内容。

以立德树人、以德铸魂、以文化人等为引领，围绕深入学习贯彻习近平新时代中国特色社会主义思想和党的二十大精神，培养学生综合运用所学的公园景观知识进行设计。

二、实训材料及工具

现有的图纸及文字资料、测量仪器、计算机、绘图桌、绘图纸、针管笔、丁字尺、绘图笔、彩铅或马克笔等。

三、实训知识点

（一）公园类型

按公园的功能不同可分为以下几类：综合性公园，儿童公园，动物园，植物园，体育公园，纪念性公园，主题公园。

（二）综合性公园出入口的安排

1.公园出入口的类型

（1）主要出入口：出入口有足够的集散人流的用地，常设置在城市主要交通干道和有公共交通的地方。

（2）次要出入口：常设置在公园内有大量集中人流集散的设施附近。

（3）专用出入口：常设置在公园管理区附近或较偏僻不易为人所发现处。

2.公园出入口设置原则

（1）满足城市规划和公园功能分区的具体要求。

（2）方便游人出入公园。

（3）利于城市交通的组织与街景的形成。

（4）便于公园的管理。

3.公园出入口的设施

（1）大门建筑（售票房、小卖部、休息廊）。

（2）入口前广场。根据公园的规模、设施及附近建筑情况设置入口前广场，其尺寸大小根据游人集散量设置。目前公园入口前广场尺寸长宽在（12—50m）×（60—300m），主要采用（30—40m）×（100—200m）。

（3）入口后广场。入口后广场是从园外到园内集散的过渡地段，常设置于大门入口之内，直接联系主路，常布置公园导游图和游园须知等。

4.公园出入口设计

（1）欲扬先抑。

（2）开门见山。

（3）外场内院。

（4）"T"字形障景。

（三）分区规划

1.大门入口区

大门入口区位置明显，常与城市街道相连，交通方便，用地平坦。

2.文化娱乐区

文化娱乐区常常设置露天剧场、音乐厅、文娱室、展览馆、展览画廊、茶座等，人均用地要求30m²左右，布局要求：

（1）设置在公园适中位置，但不占据风景地段。

（2）按功能因地制宜布置设施。

（3）项目间距要保持一定距离，避免相互干扰。

（4）人流量大的项目尽量靠近出入口，方便疏散。

（5）道路及设施要够用。

（6）要注意利用地形。

（7）可布置动植物展区。

（8）水、电设施要齐备。

3.儿童活动区

（1）特点：占地面积小，各种设施复杂。

（2）规划要求：①靠近公园主入口（要避免影响大门景观）；②符合儿童尺度，造型生动；③所用植物与设施必须无害；④外围可布置树林或草坪；⑤活动区旁应安排成人休息、服务设施。

4.体育活动区

（1）特点：集散时间短、游人多，对其他各项干扰大。

（2）布置要求：①距主要入口较远或公园侧边，有专用出入口，场地平坦，可靠近水面；②周边应有隔离性绿化；③体育建筑要讲究造型；④要注意与整个公园景观协调；⑤设施不必全按专业场地布置，可变通处理。

5.老年人活动区

（1）特点：环境较安静，面积不太大，游人活动密度小，有安静的锻炼场地，常设置于游览区、休息区旁。

（2）规划要点：①注意动静之分；②配备齐全的活动与服务设施；③注重景观的文化内涵表现，设置有深刻的文化内涵的诗词、楹联、碑刻、景名点题等，栽植有寓意性的植物，布置具有典故来历的景点；④注意安全防护，散步路宜宽，地面要设置防滑措施，不设置汀步，布置牢固可靠的栏杆、扶手。

6.安静休息区

（1）特点：①以安静的活动为主；②游人密度小，环境宁静，人均100m²；③点缀布置有游憩性风景建筑。

（2）布局要求：①安静休息区布置于地形起伏、植物景观优美的地方，如山林、河湖边；②安静活动分散布置，不宜集中布置；③环境既要优美，又要生态良好；④建筑分散、格调素雅，适宜休憩；⑤远离出入口，与喧哗区隔离，常靠近老年人活动区。

7.园务管理区

（1）具有专用性质，与游人分开。

（2）有专用出入口联系园内园外。

（3）由管理、生产型建筑场院构成。

（四）综合性公园中园路的布置

1.园路的类型

（1）主干道：路宽4—6m，纵坡8%以下，横坡1%—4%。

（2）次干道：公园各区内的主道。

（3）专用道：多为园务管理使用，与游览路分开，应减少交叉，以免干扰游览。

（4）游步道：宽1.2—2m。

2.园路的布局形式

（1）园路的回环性。

（2）疏密适度。

（3）因景筑路。

（4）曲折性。

（5）多样性和装饰性。

3.园路线形设计

园路线形要与建筑物、地形、植物、水体、铺装场地及其他设施结合设置透视线，展示连续的景观空间，营造完整的园林景观。

4.弯道的处理

园路的转折要符合游人的行为规律，衔接要通顺。

5.园路交叉口处理

主干道相交的交叉口要做正交方式的扩大处理，设置小广场。小路的交叉口要斜交，不宜交叉过多。

6.园路与建筑的关系

园路常常绕过建筑四周，很少穿过建筑物。为了避免游人干扰，园路通往大建筑时，常常于大建筑面前设置集散广场；园路通往一般建筑时，常常于建筑面前适当加宽路面。

7.园路与桥

桥是园路跨过水面的建筑形式，其风格、体量、色彩必须与公园总体设计、周边环境相协调。桥一般布置于水面较窄处，桥身垂直水岸。主干道上的桥一般设置平桥，桥头常常设置集散广场；小路上的桥一般设置为曲桥或拱桥。

（五）公园的场地布局

根据公园总体设计的布局要求，设置公园各种场地的面积尺寸。根据公园游人容量，确定公园游人出入口内外、集散场地的面积下限。公园常根据集散、活动、赏景、演出、休憩等使用功能要求布置自然式或规则式的休息广场、集散广场、生产广场等。集散广场常布置于出入口前后、大型建筑前、主干道交叉口处。休息广场常布置于公园的僻静之处。生产广场作为园务管理服务的场地，常作为晒场、堆场等。

（六）公园中地形的处理

公园要利用原地形和景观，以公园绿地需要为主题，创造出自然和谐的景观骨架。地形设计中的竖向控制：①山顶标高、最高水位、常水位、最低水位标高、水底标高、驳岸顶部标高等；②园路主要转折点、交叉点、变坡点标高；③主要建筑的底层、室外地坪标高，各出入口内、外地面标高；④地下工程管线及地下构筑物的埋深；⑤公园水体深度在1.5—1.8m；⑥硬底人工水体的近岸2m范围内的水深不得大于0.7m，超过者应设护栏；⑦无护栏的木桥，汀步附近2.0m范围内，水深不得大于0.5m。

（七）公园中的建筑

公园中建筑总的要求有以下几点：①保持风格一致；②管理附属类建筑应掩蔽；③集中与分散布局相结合；④形式要有变化、有特色；⑤以植物衬托建筑。

（八）给排水设计

1.给水

根据灌溉、湖池水体大小、游人饮用水量、卫生和消防的实际供需确定。给水水源，管网布置、水量、水压应做配套工程设计，以节约用水为原则，设计人工水池、喷泉、瀑布。

2.排水

污水应接入城市活水系统，不得在地表排泄或排入湖中，雨水排放应有明确的引导去向，地表排水应有防止径流冲刷的措施。

（九）公园中植物的种植设计

1. 综合性公园的植物配置的原则

（1）全面规划，重点突出，远期和近期相结合。

（2）公园植物规划充分满足使用功能要求。

（3）公园植物规划应注意植物基调及各景区的主配调的规划。

（4）突出公园的植物特色，注重植物品种搭配。

（5）注意植物的生态条件，创造适宜的植物生长环境。

（6）四季景观和专类园的设计是植物造景的突出点。

2. 公园设施环境及分区绿化

（1）出入口：出入口绿化要与街景和大门建筑相协调，丰富街景，突出公园特色。如果大门是规则式建筑，绿化要采用对称式布置；如果大门是不对称式建筑，绿化要采用不对称方式布置。大门前的停车场，选择遮阴的乔、灌木种植于四周，与周围环境隔离开；大门内部常布置花池、花坛、雕塑等。

（2）园路：园路的主要干道一般根据地形、建筑、风景的需要，选择高大荫浓的乔木作为遮阴树，选用耐阳的花卉植物布置于主干道两旁。小路绿化丰富多彩，步移景异。园路交叉口是游人视线的焦点，可用花灌木点缀。山地的园路要根据地形的起伏变化，绿化配置要疏密有致；矮小的花灌木及草花要配置于山路外侧。平地的园路可用乔灌木树丛、绿篱、绿带来分隔空间，使园路高低起伏，时隐时现。

（3）广场绿化：广场绿化在不影响交通的前提条件下，要兼顾广场美化效果。休息广场中间一般布置草坪、花坛，四周一般种植乔木、灌木，营造宁静的气氛。山地、林间、临水之类的活动草坪广场一般与地形相结合种植花草、灌木、草坪。停车场常种植落叶遮阴大乔木，种植池宽度要大于1.5m，间距要满足车位、通道、转弯、回车半径的要求，庇荫乔木枝下净空的标准为：小汽车停车场大于2.5m；大、中型汽车停车场大于4.0m；自行车停车场大于2.2m。

（4）园林建筑小品：树木花草的布置要和建筑小品相协调，与周围环境相呼应。花坛、花台、花境常设置于公园建筑小品附近。耐荫花木一般布置于展览室、游览室内，浓荫大冠的落叶大乔种植于门前，花台有时也布置于门前。花灌木种植于建筑墙基。

（5）科学普及文化娱乐区：科学普及文化娱乐区地形平坦开阔，常常适当点缀几株常绿大乔木，布置花坛、花境、草坪。室外铺装场地上可布置栽种大乔木的树池，游览室内可布置一些耐阴植物或盆栽花木。

（6）体育运动区：体育运动区一般不选择那些易落花、落果、种毛散落的树种，选择生长较快、高大挺拔、冠大整齐的树种。球场类场地不能选择树叶反光发亮的树种，选择色调单纯的树种，四周的绿化要离场地5—6m。日光浴场周围要铺设草坪。游泳池附近常常设置花廊、花架，带刺或夏季落花落果的花木不宜种植。

（7）儿童活动区：儿童活动区忌用有刺、有毒或有刺激性反应的植物，可选用生长健壮、冠大荫浓的乔木。该区四周常布置浓密的乔、灌木，与其他区域相隔离。

（8）游览休息区：游览休息区根据地形的高低和天际线的变化，常常采用自然式配植。草坪、亭、廊、花架等常设置于林间空地，专类园设置于路边或转弯处。集散场地严禁选用危及游人生命安全的有毒植物，在游人活动范围内宜选用大规格苗木；考虑交通安全视距和人流通行，集散场地的树木净空应大于2.2m。

（9）园务管理区：园务管理区要根据各项活动的功能不同，因地制宜进行绿化，但要与全园的景观协调。

四、实训内容

教师讲解公园景观设计的知识点，举例分析优秀的公园景观设计案例。

教师给出公园用地现状图，学生根据拟定的参考地形资料，踏勘设计对象基址，并对基址状况作全面分析，完成以下图纸：

绘制现状分析图、景观构成分析图。

进行功能分区，确定地形、场地分布、道路系统、建筑小品类型及位置等主要设计内容，绘制公园景观总平面图（要求有经济技术指标），比例自定。

各类分析图（道路分析图、功能分析图、概念分析图、空间分析图等）。

绘制植物景观设计图、竖向设计图，图样符合标准要求，图线应用恰当。

绘制主要节点的剖立面图、公园的鸟瞰图或局部景观透视图。

撰写设计说明书等。

五、实训要求

（一）设计要求

根据公园的环境特点进行景观要素的布局。

考虑供市民休闲娱乐的生活需求，公园的功能分区合理，必须有老年人休闲活动区和儿童娱乐区。

要求体现滨水公园的文化内涵。

公园的绿地率应高于60%，恰当选择树种，合理种植。

公园的景观应有主次，有序列感，主要景观应契合公园的主题。

公园要布置园林小品和适当的休息设施，满足人们集散、活动、赏景、演出、休憩需求。

（二）图纸要求

设计说明。

现状分析图。

设计分析图。

设计平面图（景点名称）。

功能分析图。

视线分析图。

竖向分析图。

植物配置图。

室外家具分布图（照明）。

注意景观节点的立面、剖面，效果图。

六、实训步骤

分析公园景观优秀作品。

分析给定的公园环境特点，确定景观功能。

踏勘设计对象基址，调研基址的周围环境、原地形、原有植被、原有建筑构筑物等，了解基址所在地的气候、土壤、水文状况。图5-47为参考地形图。

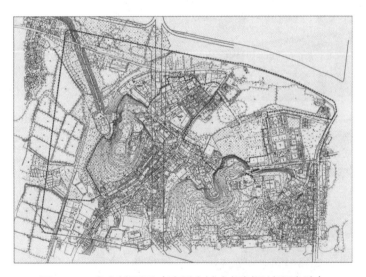

图5-47　参考地形图（漳州市城市规划设计研究院）

根据功能需求进行景观结构布局、交通组织和景点布置。

绘制草图。

教师对学生初步设计方案进行分析、指导。

学生修改、完善设计方案，绘制分析图、平面正图、立面图或剖面图及景观效果图。

编制设计说明书，主要内容包含设计依据、设计原则、设计理念和成果等。

七、参考案例

公园景观总平面图，如图5-48所示。

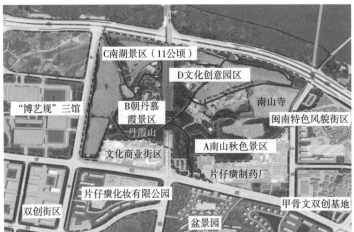

A南山秋色景区
依托南山寺，重塑南山秋色之景，融入闽南非物质文化遗产的教育与体验，特色花海产业，扩大南山寺的文化影响力。

B朝丹慕霞景区
恢复朝丹慕霞景色，融入运动健身、亲子教育、慢食慢活等活动项目，激活片区。

C南湖景区（11公顷）
联通水系，净化水体，形成山水环绕的景色。结合鱼塘肌理融入农耕文化的体验和教育内容，增加水景的参与性。

D文化创意园区
结合老厂房，设置文化创意产业的体验和孵化基地，打造集文化展示、体验、服务于一体，为场地带来源源不断的活力。

A南山秋色景区
①三角梅大观园
②丹霞驿（商业建筑组团）
B朝丹慕霞景区
①湖畔慢活健身区
②亲子户外拓展课堂
③城市观景台
C南湖景区（11公顷）
①南湖莲池
②生态湿地
③丹霞看台
保留建筑
a老工厂
b烈士陵园
c南山寺
d姜园亭南天宫
e姜园亭戏台
f二帝爷庙
g双庵庙
h慈品岩
i布观音庙
j姜园亭排涝站
A主要入口广场
P机动车停车场

图5-48　公园景观总平面图（漳州市城市规划设计研究院）

公园交通分析图，如图5-49所示。

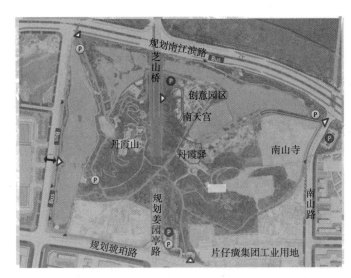

图例
△　园区景点主出入口
▲　慢行次出入口
━━━　车行路
Ⓟ　非机动车停车场
🅿　机动车停车场
↔　拟建过街天桥
Bus　公交车站

车行路
7m双方向，5m单方向
（3.5m+1.5m自行车
道），服务于南山寺、
文化创意园区丹霞驿。

图5-49　公园交通分析图（漳州市城市规划设计研究院）

公园视线分析图，如图5-50所示。

360°观景台
主要视线节点
次要视线节点
城市向内观山视线
观水视线
城市观水界面
城市观山界面
园区远眺视线

图5-50　公园视线分析图（漳州市城市规划设计研究院）

公园竖向分析图，如图5-51所示。

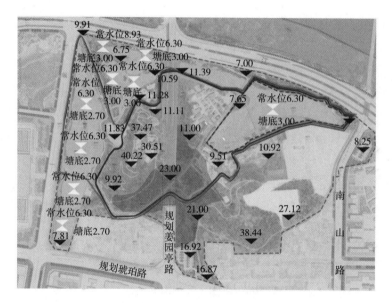

图5-51 公园竖向分析图（漳州市城市规划设计研究院）

公园分区平面图，如图5-52—图5-54所示。

图5-52 公园分区平面图（漳州市城市规划设计研究院）

分区平面图——朝丹慕霞

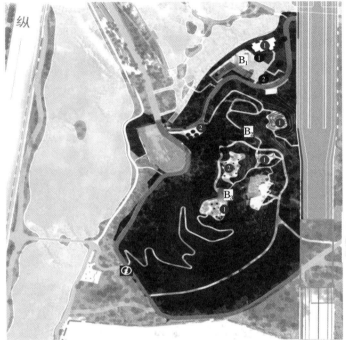

B₁湖畔慢活健身区
①水岸慢活广场
②无器械健身运动场

B₂林下拓展课堂
①林下亲子拓展课堂
②林下健身场地

B₃城市观景台
①茶室

🅸 公园管理用房
◼️ 骑行慢跑道
◼️ 登山健身道

南山秋色景区—三角梅大观园 总平面

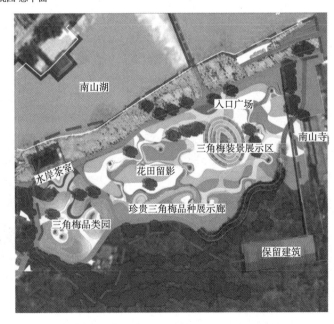

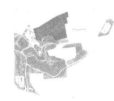

图5-53　公园分区平面图（漳州市城市规划设计研究院）

南湖景区
城市观景台望向三馆及圆山

图5-54 公园分区平面图（漳州市城市规划设计研究院）

公园局部效果图，如图5-55和图5-56所示。

图5-55 公园局部效果图（漳州市城市规划设计研究院）

图5-56　公园局部效果图（漳州市城市规划设计研究院）

公园植物分析图，如图5-57和图5-58所示。

四季花海区
依附廊架种植攀爬类的三角梅等特色植物，辅助龙传花、软枝黄蝉等当地开花灌木，在非三角梅花期时延续花海效果，点缀罗汉松，保留原有凤凰木，创造开阔的的花海视觉效果。

湿地净化景观
对原有湿地植物整合，保护生境，形成稳定健康的斑块，围绕水系布置当地特色乡土水生植物等，具有生物净化功能的水生植物，既起到水源涵养的作用，同时也形成丰富的游览感受。

图5-57　公园植物分析图（漳州市城市规划设计研究院）

莲影映湖

依托现有水面，布置睡莲、荷花等水生植物，围绕开阔湖面形成宜人的景观空间，为丹霞驿创造开阔的景观水域空间。

趣味认知

在坡地布置视觉、嗅觉、味觉等不同类型的科普认知树种，包括：观花、观果、观叶等色彩丰富的树种，不同嗅觉体验的香味树种，可以品尝果实的树种等，起到植物认知、趣味体验等功能，形成季相丰富的景观效果。

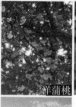

图5-58　公园植物分析图（漳州市城市规划设计研究院）

第十节　美丽乡村景观设计实训（选做）

实训十九　美丽乡村景观设计实训

实训学时：12—30学时

教学方式：讲授、实践

实训类型：必修

生态文明时代背景下，党中央高度重视农村发展和环境建设，从政策层面对农村环境保护和生态资源利用方面提出了更高要求，2021年中央一号文件提出，民族要复兴，乡村必振兴。而实施乡村振兴战略首要任务是改善农村人居环境、建设美丽宜居村庄。

一、实训目的

掌握美丽乡村景观设计的基本理论、技能和方法。

培养学生对美丽乡村景观的综合分析、解决问题的能力，学会从功能、技术、形式、环境诸方面综合考虑美丽乡村景观设计，并能正确表达和表现设计内容。

以立德树人、以德铸魂、以文化人等为引领，围绕深入学习贯彻习近平新时代中国特色社会主义思想和党的二十大精神，培养学生综合运用所学的美丽乡村景观知识进行设计。

二、实训材料及工具

初步设计：现有的图纸及文字资料、测量仪器、计算机、绘图桌、绘图纸、针管笔、丁字尺、绘图笔、彩铅或马克笔等。

正图设计：绘图计算机。

调研工具：无人机，数码相机等。

三、实训知识点

（一）乡村景观的主要内涵

1.生态理念

生态文明是改造物质世界，建立环境和社会生态运行机制的一系列物质、精神和制度的总和，优化人与人、人与社会、人与自然关系，建设美丽乡村的题中之义，乡村景观设计是生态文明建设载体之一。生态理念是推动生态文明建设的重要指导思想，生态理念是美丽乡村景观建设的统领思想，以生态发展和生态保护为主，全面改善乡村生态环境质量，建设美丽宜居乡村，为建设美丽中国提供有力支撑。

2.村庄景观的特点

景观视觉特征独特，具有生态、经济、美学等众多价值。乡村景观不同于城市景观，包含生产性景观要素、自然景观要素和人文景观要素。乡村景观不仅受自然条件制约，还受人类经营活动与经营策略影响，其面积、形式和配置上差异较大。

（二）主要改造任务

1.民居改造

首先对民居进行实地调研，对当地地形、民居现状以及民居的结构构造等进行分析。根据村庄现状民居风貌特征、民居质量和美丽乡村建设重点，村庄民居改造一般被划分为重点区域民居和其他区域民居。重点区域民居主要包括村庄公共建筑、村庄主要街道两侧民居和村委会以及村庄重要节点周围民居；其他区域民居即村庄内除重点区域民居以外的民居。拆除破旧民居，收购或租赁无人居住的废弃破旧宅院，改建为公共停车场地、村民活动场地或者村庄绿化节点等。结合村庄民居建筑文化传统，围绕围墙、墙体、屋顶、门楼、门窗、院落六元素，挖掘和打造具有当地民族文化特色的美丽乡村。

2.乡村绿化改造

乡村绿化改造主要于村庄出入口、重要干道的两旁、公共场所和建筑、村民活动场地、村民民居的四周等进行植物景观配置。围绕乡村景观整体规划与设计，针对不同的地域及地段条件、功能定位，应用生态植被营建模式进行乡村植物景观营造。不用或少用外来贵重树种，选择那些适应当地自然条件、生命力强、观赏性强的乡土植物，呈现独特的田园风光，突出地方生态景观特色，使人们感受得到乡土性，记得住乡愁。合理搭配布局落叶植物和常绿植物，合理配置乔木、灌木、草本植物、花卉等多种植物。

3.公共空间及庭院改造

（1）公共空间改造：乡村公共空间破败，常常趋于机械化、模块化，空间使用功能单一、缺乏活力。乡村公共空间营建不仅要充分考虑村民的意愿和需求，还要契合村民日常生活。乡村公共空间作为乡村生产生活关系的衍生物，布局具有"线状集聚、点上分散"的特点。乡村公共空间改造以"环境保护"为切入点，结合村民生产生活服务提升空间品质，以综合服务、垃圾治理、清洁用厕、面源污染治理、污水治理、建设管护等作为抓手，改善人居环境，推进美丽乡村建设。结合乡村老戏台、庭院、老井、池塘、古树、晒场等空间，植入教育类、培训类和民俗类的功能，营造多元化的乡村空间。根据乡村实际情况和村民使用需求，优化乡村公共空间的品质、促进小微空间的再生、激活乡村公共空间的活力，打造多元化的景观节点，激活乡村公共生活。

（2）庭院改造：调研分析村庄现有庭院状况，改造或者翻建旧庭院。庭院与周边环境协调，提炼和开发当地乡村文化，利用闲置材料和废旧器具进行改造，种植观赏树木、各类果树、花草等，形成层次丰富、错落有致、自然野趣的绿色格局，创造出具有乡土气息的特色乡村庭院。

4.文化景观设计

（1）提取运用村内建筑元素符号：提取现有乡村建筑的檐口、墙花、门窗样式等建筑元素符号，挖掘乡村建筑特色，依靠相关的改善修建工作将特色使用到村庄内部的房屋绿化里，建设独具自身文化特点和风俗的村庄。

（2）打造特色街道：重点提升村庄的主要道路，整治道路两侧的商店、村委会等服务设施。紧扣"乡愁"主题进行改造，统一规划改造主要街道的沿街立面，清洁原有房屋沿街立面，粉刷沿街门窗、院落围墙，绘制道德实践活动沿街街景文化墙，打造具有乡土文化特色的街道景观。

5.道路景观设计

乡村道路分为综合乡道、一级乡道、二级乡道和三级乡道四级，各级乡道景观设计重点考虑其用途和修建的用料、策划方案等因素。规划完善道路亮化工程，查漏补缺路灯建设。采用双侧布置的方式沿村庄主干道和巷道设置路灯，主干道采用铝制挑臂路灯或太阳能路灯，巷道采用墙灯，路灯间距为30—50m。道路绿化植物选择乡土植物，村庄外围种植防护林带，停车场的外围布置树阵，提升村庄生态环境和景观效果。

6.景观标志设计

根据村庄基本需求，乡村景观标志常常设置入口标识、公共标志、导向标志、交通标志和宣传标志等。例如，出入口标识一般设置于村庄入口处，常常对其进行美观设计，对周边进行绿化美化。公共标志要明显，一般设置于公厕、村民服务中心等公共服务设施。导向标志可达性强，一般设置于主要道路交叉口。

7.旅游景观设计

休闲农业不仅有农业功能，还有旅游功能，一般根据自身资源的情况进行实施开发。结合当地农地的情况建设休闲农业，科学地把自然环境与生态、休闲、娱乐结合在一起，自然景观与人文景观有机融合。

8.民族特色景观设计

民族文化不仅是乡村景观设计的文化背景，也是美丽乡村景观改造设计的源泉。全面地与当地村民沟通、具体情况具体分析，集采意见，提炼民族文化元素，合理运用于标识设计及改造，将民族风俗人情和趋于现代化的人文因素相结合，传承发展民族历史文化，营造具有民族特色的乡村景观。

四、实训内容

教师讲解实训知识点，并举例分析村庄规划、村庄景观改造项目等的案例。

组织学生前往设计基地（闽南典型聚集型村庄），进行系统调研，分析现有村庄规划，撰写调研报告（图文结合现状汇报，成果以PPT汇报稿）。

学生对基地提出整体改造提升的目标策略，描述整体景观系统，确定需要改造的地块，在对需要改造的节点和空间进行平面图绘制（在现状地形图上），改绘效果图，必要立面（剖面）图设计等。

五、实训要求

教师需要先介绍村庄规划的主要工作内容和对各项建设活动的要求，给予一定认知基础，再介绍相关村庄景观设计（更新）的案例，给予学生一定启示。

应注重学生对现场的调研，提出的调研报告应针对：用地性质，村民生产生活习惯，乡村文化与产业发展需要。

具体方案绘制的要求应另行编制《项目任务书》，针对不同村庄的类型与特点提出景观设计的要求。

六、实训步骤

（一）基础资料搜集与分析

提前搜集必要的地形图、村庄规划等村庄相关资料，做好现场调研的准备。

（二）现场调研

针对村庄景观的优化提升，提出系统战略，确定重点改造节点，撰写调查报告。

（三）初步方案绘制

绘制村庄整体景观系统（1：1000），确认整治节点，并绘制整治方案（1：200），绘制整治效果图。

七、参考案例

尤溪县梅仙镇半山村总平面图，如图5-59所示。

图5-59　尤溪县梅仙镇半山村总平面图（作者自绘）

鸟瞰图，如图5-60所示。

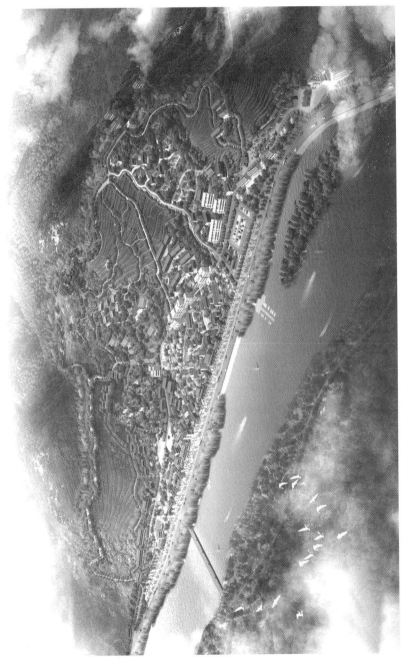

图5-60　鸟瞰图（作者自绘）

参考文献

［1］毕善华，黄磊昌，刘壮，等.基于地域文化下的校园景观内涵设计研究［J］.北方园艺，2018（12）：105-111.

［2］曹瑞春.高校校园景观设计中交互空间的塑造策略［D］.哈尔滨：哈尔滨工业大学，2021.

［3］曹颖，李碧颖，蒋芳.浅议地域文化视域下的城市道路景观设计［J］.工业建筑，2020，50（8）：223-224.

［4］曾森.基于"三生"共赢理念的乡村景观规划设计研究［D］.南昌：江西农业大学，2019.

［5］曾峥.地域文化在城市滨水景观设计策略中的应用——以恩施市清江河段为例［J］.中外建筑，2021（5）：140-143.

［6］曾子辰.康复景观视角下的养老居住区景观设计研究［D］.长沙：中南林业科技大学，2019.

［7］陈冰晶.园林植物景观空间规划与设计［D］.南京：东南大学，2015.

［8］陈波.我国城市屋顶花园植物种植设计［J］.安徽农业科学，2011，39（33）：20611-20613.

［9］陈驰.现代别墅山水式庭院景观设计研究［D］.长沙：湖南农业大学，2013.

［10］陈梦丽.创新型园林小品设计的应用与研究［D］.银川：宁夏大学，2017.

［11］陈祺，王小鸽，龚飞.园林景观小品创新设计探析［J］.现代园艺，2016（1）：66-68.

［12］陈雯. 风景园林案例分析的架构研究［D］. 北京：北京林业大学，2011.

［13］陈馨雨. 城市滨水区参与性景观设计环节及策略研究［J］. 中外建筑，2022（1）：71-74.

［14］陈杨. 基于地域文化视角下的城市滨水景观设计［D］. 郑州：河南农业大学，2022.

［15］陈瑛. 园林规划设计中的园林景观小品［J］. 住宅与房地产，2018（36）：80.

［16］程俊杰. 低影响开发理念下的山地绿色校园景观设计研究［D］. 重庆：重庆交通大学，2021.

［17］董丽. 公共建筑内庭院景观设计研究［D］. 南京：东南大学，2020.

［18］杜春兰. 园林景观材料普通高等教育风景园林专业系列规划教材［M］. 重庆：重庆大学出版社，2016.

［19］段大娟，张涛. 从课程设计和毕业设计看园林制图课程的改革方向［J］. 工程图学学报，2007（5）：126-130.

［20］费凡，岳邦瑞，聂静. 文化可持续性导向下的湿地公园滨水景观设计对策［J］. 中国园林，2022，38（S2）：35-40.

［21］付军，冯丽，刘媛. "风景园林设计与实训"案例教学实践与探讨——以北京农学院专业学位研究生课程为例［J］. 河北农业大学学报（农林教育版），2015，17（6）：105-108.

［22］高婧泉. 基于压力缓解理论的大学校园景观设计研究［D］. 哈尔滨：哈尔滨工业大学，2021.

［23］高宇琼，郭春喜，杨忠华. 案例教学法在"园林设计"课程中的创新应用［J］. 西部素质教育，2022，8（22）：5-9.

［24］高占宽，高佳豪，黄一驹. 基于地域文化元素融入的城市滨水景观设计［J］. 世界林业研究，2023，36（1）：149.

［25］龚巧敏，王金铭.共生思想在城市滨水景观设计中的创新应用——以"寻·然"城市滨水景观设计为例［J］.现代园艺，2023，46（4）：50-52.

［26］关柯，许勇，李佳欣.园林景观中的微地形处理［J］.民营科技，2012（2）：292.

［27］韩金，侯寅峰.文化主题公园景观设计探析［J］.工业设计，2023（4）：131-133.

［28］郝卫国."沽上乡韵"——天津地区乡村景观规划建设中文化特色保护研究［D］.天津：天津大学，2017.

［29］何疏悦，疏梅.浅析城市道路软质景观设计［J］.福建林业科技，2012，39（1）：145-149.

［30］何真.基于美丽乡村建设的景观规划设计研究［D］.西安：西安建筑科技大学，2018.

［31］胡海辉，冯冠青，于雷.园林植物景观设计课程思政教学改革与实践［J］.高教学刊，2022，8（8）：123-126.

［32］胡嵩.园林绿化微地形景观应用要点分析［J］.花卉，2017（6）：38-39.

［33］华紫伊.生态视角下的钢铁企业厂区环境设计研究［D］.武汉：华中科技大学，2020.

［34］黄晖，王云云.园林制图（高等职业教育园林类专业系列教材）［M］.重庆：重庆大学出版社，2016.

［35］黄心言，顾骧，张晓颖.英国风景式园林——邱园案例分析［J］.现代园艺，2019（16）：131-132.

［36］黄颖婷.后工业时代滨水区地域性景观构建方式探讨——以龙马河滨水景观设计项目为例［J］.城市建筑，2021，18（32）：193-195.

［37］黄智凯，张素娟.基于应用型技术人才培养的"园林设计制图基础"课

程教学改革研究［J］.山西农经，2016（8）：98-110.

［38］贾孟炎.应用型人才培养为本的《园林制图》多元化教学方法应用［J］.现代园艺，2020，43（17）：185-186.

［39］蒋东云.浅谈园林水体景观设计［J］.现代园艺，2012（4）：62.

［40］金敏华.浅析大学校园景观设计［J］.安徽农业科学，2007（24）：7458-7481.

［41］靳晓军.园林小品在景观设计中的地域性表达［J］.中国园艺文摘，2013，29（12）：123-124.

［42］景立.园林小品的工业化设计研究［D］.福州：福建农林大学，2013.

［43］康胜.城市互动广场景观设计［J］.工业建筑，2020，50（1）：208.

［44］康运.美丽乡村建设背景下乡村景观改造设计研究［D］.成都：成都理工大学，2019.

［45］李国瑞，冯珍，徐姣，等.新农村建设背景下生态园林植物景观的营造［J］.现代园艺，2021，44（20）：60-61.

［46］李慧婷.西宁市"十一五"期间绿地系统现状调查与分析［D］.咸阳：西北农林科技大学，2010.

［47］李洁.共生理论下的居住区景观设计研究［D］.桂林：广西师范大学，2019.

［48］李小虎.城市公共庭院景观设计［J］.出版发行研究，2022（9）：115.

［49］李小莹.低碳理念下城市园林植物景观设计研究［J］.科技资讯，2022，20（3）：90-92.

［50］李宇轩.贵港市公园绿地园林植物物种调查及植物景观评价［D］.南宁：广西大学，2020.

［51］李圆圆.风景园林设计类实验课程的教学研究——以居住区景观设计课程为例［J］.实验技术与管理，2021，38（2）：24-29.

［52］李智博，马力，杨岚，等.从城市规划看城市道路绿化景观设计［J］.国土与自然资源研究，2011（1）：74-75.

［53］多贝尔.校园景观：功能·形式·实例［M］.北京世纪英闻翻译有限公司，译.北京：中国水利水电出版社，2006.

［54］赵楠.庭院景观设计要素及方法［M］.［2023-06-11］.

［55］戴航.城市道路景观设计与案例［M］.哈尔滨：黑龙江科学技术出版社，2007.

［56］丁祖昱.园林小品设计［M］.北京：化学工业出版社，2012.

［57］李泉，廖颖，李尚志.城市园林水景［M］.广州：广东科技出版社，2004.

［58］苏雪痕.植物景观规划设计［M］.北京：中国林业出版社，2012.

［59］梁永基.校园园林绿地设计［M］.北京：中国林业出版社，2001.

［60］王仙民.屋顶花园设计与案例解析［M］.南京：江苏科学技术出版社，2013.

［61］唐剑.现代滨水景观设计［M］.沈阳：辽宁科学技术出版社，2007.

［62］丁圆.滨水景观设计［M］.北京：高等教育出版社，2010.

［63］徐文辉.美丽乡村规划建设理论与实践［M］.北京：中国建筑工业出版社，2016.

［64］陶良虎，陈为，卢继传.美丽乡村：生态乡村建设的理论实践与案例［M］.北京：人民出版社，2014.

［65］李凤玲.景观设计项目实训指导［M］.东营：中国石油大学出版社，2014.

［66］郭明珠，郭胜茂，高景荣.住区规划景观设计实训［M］.哈尔滨：哈尔滨工业大学出版社，2012.

［67］李田，杨宁，苗苹.景观设计案例实训［M］.长春：东北师范大学出版

社，2012.

［68］唐廷强，陈孟琰，费飞. 景观规划设计与实训［M］. 上海：东方出版中心，2008.

［69］曹福存，赵彬彬. 景观设计（全国高等院校艺术设计专业"十二五"规划教材）［M］. 北京：中国轻工业出版社，2014.

［70］杨云峰. 沉下去、浮起来——"公园规划设计实训"课程教学思考［J］. 中国园林，2013（7）：98-101.

［71］梁凯，刘晓惠. 基于视觉分析的城市道路景观设计研究［J］. 现代城市研究，2014，29（11）：46-51.

［72］廖静雯. 交互体验视角下厂区观光空间设计策略研究［D］. 重庆：重庆交通大学，2022.

［73］刘滨谊. 现代景观规划设计［M］. 南京：南京东南大学出版社，2017.

［74］刘陈诚，叶雁冰. 地域文化下互动性滨水景观设计策略研究［J］. 城市建筑空间，2022，29（4）：115-117.

［75］刘骏，徐海顺，陈宇，等. 居住区环境景观设计方法与案例解析［M］. 重庆：重庆大学出版社，2020.

［76］刘丽雅，刘露，李林浩，等. 居住区景观设计（高等院校艺术设计专业应用技能型规划教材）［M］. 重庆：重庆大学出版社，2017.

［77］刘璐. 基于骑行者视觉感知的城市道路景观设计研究［D］. 南京：南京林业大学，2022.

［78］刘天宇，董君，张骏. 基于行为需求的休闲公园景观设计及部分整改对比［J］. 北方园艺，2020（14）：87-93.

［79］刘熙晨. 基于人性化视角下的校园景观设计［J］. 环境工程，2023，41（4）：249.

［80］刘香君. 线性文化遗产视角下的城市滨水景观设计研究［D］. 北京：北京

林业大学，2021.

［81］刘鑫怡.机械制造类工厂景观设计研究［D］.沈阳：沈阳建筑大学，2020.

［82］刘宣晟.基于地域适应性的海绵校园景观规划设计研究［D］.西安：西安建筑科技大学，2021.

［83］刘雅娣.侘寂美学在茶室庭院景观设计中的应用研究［D］.兰州：兰州理工大学，2020.

［84］刘志宇.基于LID理念的城市居住区景观设计［D］.咸阳：西北农林科技大学，2019.

［85］刘宗峰.旅游轨道交通桥梁设计特点分析——以张家界市旅游轨道交通为例［J］.铁道标准设计，2019，63（6）：77-82.

［86］卢玉环.普洱市城市绿地现状调查研究［D］.昆明：西南林业大学，2013.

［87］鲁丹，刘译浓.基于海绵城市理念的滨水景观设计［J］.现代园艺，2022，45（14）：69-71.

［88］栾春凤，袁媛.城市文化广场园林小品设计中文化符号的应用——以舞钢文化广场为例［J］.林业科技开发，2008（6）：124-126.

［89］吕丹娜.城市广场景观照明与亮化的艺术化设计［J］.建筑结构，2021，51（18）：160.

［90］吕桂菊.鲁中山区乡村景观特质、发展模式及规划设计研究［D］.泰安：山东农业大学，2018.

［91］吕红.城市公园游憩活动与其空间关系的研究［D］.泰安：山东农业大学，2013.

［92］马力.基于人性化的大学校园庭院空间设计研究［D］.南京：东南大学，2018.

［93］满秀允，谢天仕，高麦玲，等.新城社区公园景观特色的营造研究——以博山区汪溪湖公园规划设计为例［J］.山东农业大学学报（自然科学版），2014，45（5）：747-751.

［94］毛璐瑶.基于弹性城市理念的滨水景观设计研究［D］.上海：华东师范大学，2022.

［95］毛文鹏，刘小菊.关于园林绿地中微地形的分析［J］.花卉，2018（10）：69-70.

［96］毛之夏.城市公园游憩吸引力研究［D］.北京：中国科学院大学（中国科学院东北地理与农业生态研究所），2017.

［97］孟祥伟.风景园林中植物景观规划设计的程序及其方法探究［J］.工程技术研究，2017（5）：207-208.

［98］钱达.室外空间园林小品设计探析［J］.南京林业大学学报（人文社会科学版），2004（4）：72-74.

［99］乔丹，柯水发，李乐晨.国外乡村景观管理政策、模式及借鉴［J］.林业经济，2019，41（7）：116-123.

［100］乔丽芳，赵洁.城市道路绿地景观设计模式及其组合研究［J］.北方园艺，2012（9）：86-88.

［101］杨云峰.景观建筑专业"公园设计实训"课程教学思考［C］.2023.

［102］宋培娟.园林景观工程设计与实训［M］.北京：北京大学出版社，2014.

［103］赵彦杰.园林实训指导［M］.北京：中国农业大学出版社，2007.

［104］赵慧荣.园林设计与实训［M］.沈阳：辽宁美术出版社，2009.

［105］苏志刚.工学结合模式下的园林实训指导［M］.长春：东北师范大学出版社，2010.

［106］胡长龙.园林规划设计［M］.北京：中国农业出版社，2002.

［107］王浩.园林规划设计［M］.南京：东南大学出版社，2009.

［108］中国勘察设计协会园林设计分会，贾建中，张国强. 风景园林设计：中国风景园林规划设计作品集［M］. 北京：中国建筑工业出版社，2005.

［109］石维维. 基于生态视角下的老城区城市道路景观设计研究［D］. 西安：西安建筑科技大学，2017.

［110］宋思颖. 基于环境行为学的大学校园景观设计［D］. 武汉：武汉理工大学，2020.

［111］孙迟，殷钰杰. 基于生态修复理念的城市滨水景观设计策略［J］. 环境工程，2022，40（8）：333.

［112］孙玲玲. 人性化视角下的居住区景观设计研究［D］. 南京：南京农业大学，2020.

［113］孙瑞，谭建辉. 工厂绿化景观设计对总图的要求［J］. 工业建筑，2014，44（S1）：22-25.

［114］孙士博. 基于炎热气候适应性的城市公园设计策略研究［D］. 北京：北京林业大学，2018.

［115］孙炜玮. 基于浙江地区的乡村景观营建的整体方法研究［D］. 杭州：浙江大学，2014.

［116］陶联侦，安旭. 风景园林规划与设计从入门到高阶实训［M］. 武汉大学出版社，2013.

［117］王彬彤. 临汾钢铁厂工业遗址景观改造设计［D］. 呼和浩特：内蒙古师范大学，2018.

［118］王钢. 庭院景观项目制教学法的探索与实践［J］. 大舞台，2013，（7）：188-189.

［119］王加彦. 基于大数据分析的老旧公园景观更新设计研究［D］. 镇江：江苏大学，2022.

［120］王靖. 现代城市公园中的景观设计理念和思路［J］. 现代园艺，2023，

46（6）：72-74.

［121］王玲.乡土景观元素在城市公园设计中的表达［J］.建筑科学，2020，36（7）：165-166.

［122］王璐.公共健康视角下城市公园景观设计研究［D］.咸阳：西北农林科技大学，2022.

［123］王玮，王浩，田晓冬，等.基于海绵校园背景下校园景观设计研究——以南京林业大学景观设计为例［J］.中国园林，2018，34（6）：65-69.

［124］王雪莹.美丽乡村景观规划中"乡愁符号"的应用研究［D］.长沙：中南林业科技大学，2020.

［125］王艳.西安老旧工厂功能改型的景观设计研究［D］.西安：西安建筑科技大学，2015.

［126］王友林，杨宜利.园林植物景观空间设计构景手法分析［J］.现代园艺，2022，45（4）：73-75.

［127］王昱茹.海绵城市视角下关中城市道路景观设计研究［D］.西安：长安大学，2017.

［128］邬月野.基于本土文化的庭院景观设计研究［D］.咸阳：西北农林科技大学，2010.

［129］吴青浓.屋顶花园景观设计［J］.世界林业研究，2023，36（1）：153.

［130］吴文迪.城市道路景观设计与实践研究［J］.工程技术研究，2023，8（8）：169-171.

［131］吴欣珂.环保低碳理念下的城市园林植物景观设计研究［J］.中国建筑装饰装修，2022（1）：90-91.

［132］吴芝元，蒋华平，李贞，等.中山市绿地现状调查与规划对策研究［J］.风景园林，2005（4）：33-38.

［133］奚惠良，徐淑芳.园林小品在园林景观中的运用［J］.中国园艺文摘，

2016，32（1）：134–136.

［134］谢宇.川南地区地级城市绿地系统现状调查与规划评价［D］.重庆：西南大学，2010.

［135］熊倩.生态美学视野下的美丽乡村景观规划［D］.长沙：中南林业科技大学，2021.

［136］徐露.环境心理学在城市公园景观设计中的体现［J］.环境工程，2020，38（10）：260.

［137］徐文辉，唐立舟.美丽乡村规划建设"四宜"策略研究［J］.中国园林，2016，32（9）：20–23.

［138］许长春.基于地方特色文化的城市广场景观设计研究［D］.成都：成都大学，2022.

［139］严军.基于生态理念的湿地公园规划与应用研究［D］.南京：南京林业大学，2008.

［140］杨波，高婷，褚晓蕾.园林制图线上线下混合式"金课"建设——以吉林农业科技学院为例［J］.吉林农业科技学院学报，2020，29（6）：89–94.

［141］杨端端.现代园林中式小品设计研究［D］.南昌：南昌大学，2015.

［142］杨济源.基于环境心理学理论的校园景观设计研究［D］.沈阳：沈阳建筑大学，2020.

［143］杨建虎，钱利，郭宁.西宁市海湖广场景观设计［J］.福建林业科技，2012，39（4）：146–149.

［144］杨贤均，晏雪晴，王业社，等.风景园林专业"园林制图"实践教学改革探讨［J］.中国园艺文摘，2017，33（6）：211–212.

［145］杨玉培.风景园林植物造景［M］.重庆：重庆大学出版社，2022.

［146］杨月，邬伟萍，邱发根，等.OBE理念下"园林植物景观设计"课程能

力目标结构探究［J］.西部素质教育，2023，9（11）：30-34.

［147］杨子蕾.弹性城市视角下城市滨水景观设计研究［D］.北京：北京林业大学，2020.

［148］姚妍，顾建中，胡兰娣，等.课程思政背景下园林综合实训课程的教学探索与实践［J］.安徽农业科学，2021，49（6）：264-267.

［149］姚妍，周玉婷，余航."实地项目+学科竞赛"双导向的园林设计实训课程教学改革与实践［J］.绿色科技，2021，23（7）：244-249.

［150］姚阳，董莉莉.城市道路景观设计浅析［J］.重庆建筑大学学报，2007（4）：35-38.

［151］于桂芬，邹志荣.居住区景观与儿童游戏场地设计现状与反思［J］.西北林学院学报，2009，24（4）：205-208.

［152］于秀雯.乡土景观元素在居住区景观设计中的应用研究［D］.大连：大连工业大学，2019.

［153］余斌.基于地域文化的园林景观小品设计研究［D］.福州：福建农林大学，2013.

［154］张波.传统文化在大学校园景观设计的价值及其体现［J］.装饰，2012（8）：139-140.

［155］张博潇.基于低碳理念的昆明市屋顶花园设计研究［D］.咸阳：西北农林科技大学，2021.

［156］张俊超.ARCGIS技术在风景园林地形设计中的应用研究［D］.吉林：北华大学，2018.

［157］张琳.基于河流生态修复理念的滨水景观设计研究［D］.北京：北京林业大学，2020.

［158］张露丹.复愈性环境理论在居住区景观设计中的应用研究［D］.西安：西安建筑科技大学，2017.

［159］张宁.基于可持续理念的哈尔滨屋顶花园景观设计研究［D］.哈尔滨：东北农业大学，2018.

［160］张盼盼.现代城市园林植物景观艺术设计研究［J］.植物学报，2021，56（5）：646-647.

［161］张倩.基于地域性的城市道路景观设计研究［D］.南京：东南大学，2016.

［162］张少军.浅析乡村景观建设分析研究［J］.中国农业资源与区划，2021，42（10）：261-266.

［163］张王赟澍.景观都市主义视域下城市滨水景观设计探讨［J］.四川建筑，2022，42（4）：41-43.

［164］张伟宁，温立国.园林景观设计与原生态环境保护——评《园林植物景观设计》［J］.热带作物学报，2021，42（9）：2808.

［165］张文炳.基于行为分析的大学校园景观设计研究［D］.济南：山东建筑大学，2020.

［166］张旭.园林小品设计在保定府河"运动区"的应用与研究［D］.保定：河北大学，2013.

［167］张艺瀚.城市遗址公园景观设计策略［J］.环境工程，2022，40（8）：335.

［168］张越.园林制图与计算机辅助制图课程教学改革与研究［J］.黑龙江农业科学，2020（7）：119-120.

［169］张梓煜.大学校园景观设计方法与研究［D］.西安：长安大学，2019.

［170］章莉，夏欣，刘文平，等.新工科建设背景下"风景园林规划设计案例分析"全英文课程的教学探索［J］.中国林业教育，2022，40（6）：58-61.

［171］章毅.地形营造在园林景观工程中的运用分析［J］.绿色建筑，2022，14（2）：139-142.

［172］赵恒，黄颖婷，陈馨雨，等. 论城市滨水景观设计策略［J］. 环境工程，2021，39（10）：276.

［173］赵金鹏，周宇，苏向辉. 园林设计实训课程体系建设探析——以新疆农业大学科学技术学院为例［J］. 创新创业理论研究与实践，2019，2（19）：79-80.

［174］赵夏清，李宏伟. 地域文化在城市广场景观设计中的应用［J］. 工业建筑，2020，50（4）：200.

［175］郑舒煜. 生态居住区景观设计研究［D］. 杭州：浙江农林大学，2020.

［176］周巍. 广西红色园林典型案例调查与分析［D］. 南宁：广西大学，2016.

［177］周文妍. 城市公园景观设施交互体验设计研究［D］. 西安：西安建筑科技大学，2022.

［178］朱小芳，刘泽青，胡慧敏. 工业遗产保护与再利用研究——以北京东燕郊旧工厂建筑景观改造设计为例［J］. 工业建筑，2020，50（9）：194.

［179］庄皓然. 城市滨水景观更新设计研究［D］. 桂林：桂林理工大学，2021.

［180］邹小杰，李少红，王晓静. 美丽乡村建设下的乡村景观设计探微［J］. 工业建筑，2020，50（6）：213.